内 容 简 介

金属燃料电池是以中性盐溶液或碱性溶液作为电解质，以活泼固体金属（如铝、镁、锌等）为燃料，通过发生电化学反应而释放出电能的电池，具有预置免维护时间长、功率特性好、安全性高等特点。本书主要介绍了金属燃料电池的分类与特点，负极材料、正极材料、辅助系统等方面的关键技术，正极材料、负极材料、电解质等主要组成部件的评价技术，以及电池性能评定试验台架的研制过程，电池基本性能、常温放电性能、低温放电性能等的评定技术，电池放电损伤、物理损伤、热损伤、环境损伤、枪击等的安全性评定技术，为金属燃料电池的设计、开发、研制和应用提供技术支撑。

本书可供金属燃料电池研究与工程开发的技术人员使用，也可作为研究所、高等院校的教学参考书。

图书在版编目（CIP）数据

金属燃料电池关键技术与评定方法 / 陈今茂主编
. -- 北京 ：北京理工大学出版社，2024.5
ISBN 978 - 7 -5763 -3992 -5

Ⅰ．①金… Ⅱ．①陈… Ⅲ．①金属 – 燃料电池 Ⅳ.
①TM911.4

中国国家版本馆 CIP 数据核字（2024）第 097896 号

责任编辑：陈莉华　　**文案编辑**：李海燕
责任校对：周瑞红　　**责任印制**：李志强

出版发行 / 北京理工大学出版社有限责任公司
社　　址 / 北京市丰台区四合庄路 6 号
邮　　编 / 100070
电　　话 / （010）68914026（教材售后服务热线）
　　　　　（010）68944437（课件资源服务热线）
网　　址 / http://www.bitpress.com.cn

版 印 次 / 2024 年 5 月第 1 版第 1 次印刷
印　　刷 / 唐山富达印务有限公司
开　　本 / 787 mm × 1092 mm　1/16
印　　张 / 14.75
彩　　插 / 1
字　　数 / 260 千字
定　　价 / 128.00 元

图书出现印装质量问题，请拨打售后服务热线，负责调换

金属燃料电池关键技术与评定方法

主　编　陈今茂

副主编　王长富　徐万里

　　　　王旭东　吴庆伟

参　编　夏洋峰　杨莎莎　郭　磊　周友杰

　　　　黄　龙　苏　醒　王耀辉　李　盼

　　　　阮　曼　陈培强

北京理工大学出版社
BEIJING INSTITUTE OF TECHNOLOGY PRESS

前言

　　能源是提高人民生活水平和发展国家经济的重要物质基础，而传统的能源应用方式所带来的环境污染、资源短缺、温室效应等问题将更为突出，因此合理、高效地利用一次能源而又维持生态环境平衡已成为当今国内外能源领域的研发热点。金属燃料电池是一种新型电池，阳极为固体金属，电解液主要为碱性或中性盐溶液，阴极则以空气中的氧气或金属化合物作为燃料源。金属燃料电池又被称为"半燃料"电池，介于原电池与燃料电池之间，不但具有燃料电池的优势，也克服了燃料电池某些方面的不足，具有原材料广泛、无毒易处理、比能量高、安全性好等优点，应用前景十分广阔。金属燃料电池可用作汽车、自行车、公交车甚至大型矿山机械的能源动力，不仅能够降低能源获取成本，还能够进一步减小车辆的质量，提高车辆的续航性能，为其提供强劲的动力。随着技术的发展，金属燃料电池或将能够提供与市政电网相当的电力，一方面可以用于为人们的日常生活供电；另一方面也可以用于偏远地区、森林、海岛等的电力供应。

　　本书的内容基于编者相关研究成果及工作经验，主要为金属燃料电池关键技术与评定方法。章节结构上分为7章，第1章为概论，第2章为金属燃料电池的发展与应用，第3章为金属燃料电池关键技术研究，第4章为金属燃料电池评价技术研究，第5章为金属燃料电池性能评定试验台架设计与研制，第6章为金属燃料单体电池性能评定技术，第7章为金属燃料电池安全性评价。其中，前2章介绍了金属燃料电池的分类、特点、发展现状及应用，第3章介绍了金属燃料电池的正极、负极、电解液、辅助系统等关键技术研究，第 4 章至第 6 章重点讨论了金属燃料电池的评定技术、试验台架的设计与研制以及金属燃料电池单体与模组性能评定方法，最后 1 章讨论了金属燃料电池的安全性评价方法及指标。

本书第 1 章由陈今茂、周友杰、黄龙、苏醒编写，第 2 章由王长富、徐万里、王旭东、王耀辉编写，第 3 章由徐万里、王旭东、吴庆伟、郭磊编写，第 4 章由王旭东、李盼、苏醒、杨莎莎编写，第 5 章由陈今茂、夏洋峰、阮曼、陈培强编写，第 6 章由吴庆伟、徐万里、王旭东、周友杰编写，第 7 章由陈今茂、王长富、王耀辉、黄龙编写。全书由陈今茂规划和统稿。

尽管本书的作者都是在相关领域具有多年研究的学者，但是局限于自身能力水平与编写时间，本书难免存在缺漏之处，覆盖不了金属燃料电池评定的所有内容。还望读者本着共同进步、互相学习的心态阅读使用本书，对本书不足之处敬请批评指正。

编　者

目 录
CONTENTS

第1章 概 论

1.1 金属燃料电池概述

金属燃料电池也称金属燃料电池，是一种新型能量电池，它使用金属燃料，如锌、铝等提供到电池中的反应位置，代替氢燃料组成电能产生装置。它不仅具备无毒性，而且价格低廉，比能量更高，放电电压更稳定，而且还能够实现可持续发展，比起氢燃料电池，它更加环保、安全、经济，是未来新能源的重要发展方向[1]。

金属燃料电池的阳极为固体金属，电解液主要为碱性或中性盐溶液，阴极则以空气中的氧气或纯氧作为燃料源[1,2]，此种电池的运用备受期待。

金属燃料电池的构造大部分都是由空气电极、电解液和金属阳极构成。金属燃料电池结构及三相界面正极示意图如图 1 - 1 所示，其结构示意图如图 1 - 2 所示。

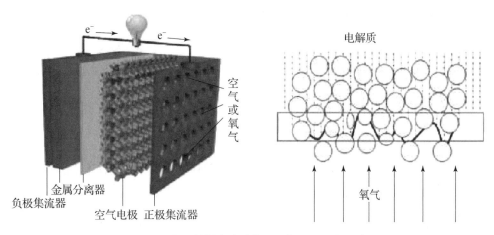

图 1 - 1 金属燃料电池结构及三相界面正极示意图

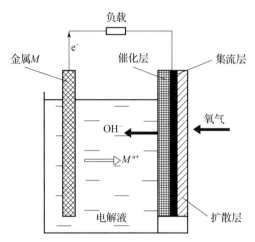

图 1-2　金属燃料电池结构示意图

金属燃料电池的电解质具有导电性和电压承受能力，放电时负极上的金属发生氧化反应被逐渐消耗，正极上的氧气通过气体扩散电极到气－液－固三相界面后进行氧还原得电子，同时金属负极失电子生成金属离子，产生电流输出，实现化学能和电能的转换[2]。

其中，空气电极又分为催化层、集流层和防水扩散层[3]。在电池阳极，金属 M 发生氧化反应，在阴极，大气中的氧气或纯氧透过电极到达催化层，在固液相界面发生氧气的还原反应。反应式如下：

阴极反应：$O_2 + 2H_2O + 4e^- \longrightarrow 4OH^-$　　　　　　　　　（1-1）

阳极反应：$M \longrightarrow M^{n+} + ne^-$　　　　　　　　　　　　　　（1-2）

总反应：$4M + nO_2 + 2nH_2O \longrightarrow 4M(OH)_n$　　　　　　　　（1-3）

其中，M 是金属；n 是金属氧化反应的价态。

由于材料属性的缘故，在电解液中阳极金属一般会产生自放电反应，进而生成氢气，其反应式如下：

$$M + nH_2O \longrightarrow M(OH)_n + \frac{n}{2}H_2 \qquad (1-4)$$

一般来讲，氧气通过防水透气层进入催化层，并在催化层中进行氧化还原反应，其基本原理是[4,5]：①氧气通过防水扩散层至电解液；②氧气分子会溶解在气液界面；③扩散至催化剂液膜周围的分子层并且在催化层表面吸附；④在催化剂表面的活性位点发生还原反应；⑤离子在电解质液膜传导；⑥电子通过导电剂在电极骨架上输送。这一过程概括如下：

$$O_2 \xrightarrow{溶解} O_{2溶} \xrightarrow{扩散} O_{2扩} \xrightarrow{吸附} O_{2吸} \xrightarrow{反应} OH^- \xrightarrow{脱附} OH^- \xrightarrow{扩散} OH^-$$

由于氧化还原反应的发生地点是在催化剂表面形成的气、液、固三相界面上，因此空气电极的性能主要受到催化剂种类、活性位点类型等因素的影响。

制备多孔空气电极时，为了降低气体在传输过程中的阻力，增加氧气分子与电解质溶液的融合性，要在催化剂层中形成大量的薄液膜，这对空气电极的薄度提出了更高的要求。在构建电极时，尽量地制造出大量的气孔，让氧气分子能够扩散到电极的各个部位，同时在催化层又会形成一层薄液膜，这一薄液膜又会通过液孔与电解液连通，这对液相反应粒子的迁移起到很大的促进作用[6]。

1.2 金属燃料电池分类

（1）将金属燃料电池按其阳极的金属类型进行分类。目前研究较多的金属燃料电池包括锂、钠、钾、铁、镁、锌、铝空气电池。如表 1 - 1 所示列出了常见金属燃料电池的基本参数[6]。

表 1 - 1 常见金属燃料电池的基本参数

电池	放电产物	能量密度/$(W \cdot h \cdot kg^{-1})$	工作电压/V	可逆性	总反应
锂空气电池	Li_2O_2	3 458	2.96	可逆	$2Li + O_2 \Longleftrightarrow Li_2O_2$
钠空气电池	Na_2O_2	1 605	2.33	可逆	$2Na + O_2 \Longleftrightarrow Na_2O_2$
	NaO_2	1 108	2.27		$Na + O_2 \Longleftrightarrow NaO_2$
钾空气电池	KO_2	935	2.48	可逆	$K + O_2 \Longleftrightarrow KO_2$
铁空气电池	$Fe(OH)_2$	764	1.00 ~ 1.28	可逆	$2Fe + O_2 + 2H_2O \Longleftrightarrow 2Fe(OH)_2$
镁空气电池	$Mg(OH)_2$	3 910	3.10	不可逆	$2Mg + O_2 + 2H_2O \longrightarrow 2Mg(OH)_2$
锌空气电池	ZnO	1 084	1.65	不可逆	$Zn + O_2 \longrightarrow 2ZnO$
铝空气电池	$Al(OH)_3$	2 800	1.20 ~ 1.60	不可逆	$4Al + 3O_2 + 6H_2O \longrightarrow 4Al(OH)_3$

当前，金属 – 空气电池主要由 Al、Zn、Mg、Li 等金属材料构成。如表 1 – 2 所示是上述几种常见金属阳极材料的性能对比，如表 1 – 3 所示是上述几种常见金属阳极材料的电化学性能对比。

表 1 – 2 几种常用金属阳极材料的性能对比

阳极材料	相对原子质量	密度 /$(g \cdot cm^{-3})$	电子转移数目	容量密度 /$(A \cdot h \cdot g^{-1})$	体积能量密度 /$(W \cdot h \cdot cm^{-3})$
Li	6.94	0.58	1	3.86	7.1
Mg	24.31	1.74	2	2.20	11.8
Al	26.98	2.70	3	2.98	21.9
Zn	65.39	7.13	2	0.82	9.2

表 1 – 3 几种常用金属阳极材料的电化学性能对比

阳极材料	电化学当量 /$(A \cdot h \cdot g^{-1})$	理论能比 /$(kW \cdot h \cdot kg^{-1})$	理论电压/V	实测电压/V
Li	3.86	13.0	3.4	2.4
Mg	2.20	6.8	3.1	1.2 ~ 1.4
Al	2.98	8.1	2.7	1.2 ~ 1.6
Zn	0.82	1.3	1.6	1.0 ~ 1.1

对于铝、锌金属材料，主要适合于大电流、大功率放电，所用的电解质为 KOH 等碱性水溶液；锂金属材料电化学性质活泼，与水反应较为激烈，存在爆炸的安全隐患；镁金属材料适合于小电流、小功率、长时间放电，所用电解质为 NaCl 水溶液。

（2）按照材料性质对金属燃料电池进行分类。传统的金属燃料电池主要采用刚性和脆性材料，而柔性金属燃料电池则是以柔性材料为基础。柔性电子器件中的金属燃料电池需要满足柔性、质量轻、稳定性好等要求。柔性金属燃料电池让电池各部件一致，以高效率、长寿命、可规模化、不易燃、价格低廉等优点而被广泛运用[7]。

1.2.1 镁基电池

镁可作为电池负极材料，具有稳定性强、储量丰富、能量密度高等优点，已在军事领域得到广泛应用。镁电池满足了大型充电电池的高性能、低成本和安全环保的需求，但要实际应用尚需解决腐蚀析氢、钝化膜等问题。未来的研究应关注于寻找高电导率、低钝化的电解质和电极材料，以及解决目前电解质易吸水、溶剂局限于 THF 和乙醚等问题。镁不适宜在有水的环境下进行操作，可以试着使用混合电解质，让它们分别发挥出各自的功能，应该对聚合物电解质给予更多的关注[8]。正极材料研究主要集中在适合镁离子的嵌入材料，如通过掺杂改性等方式实现。

1.2.1.1　电化学原理

镁空气电池是以镁或者镁合金作为负极材料，以氧气作为正极活性物质，氧气通过扩散作用到达气 – 液 – 固三相界面，与负极发生反应放出电能[9]，金属燃料电池在放电的过程中，负极的镁被氧化生成二价镁离子，产生了两个电子；在相对的空气电极中，氧气得到镁释放的电子后与水发生反应被还原成氢氧根离子。

负极反应：$Mg - 2e^- \longrightarrow Mg^{2+}$ （1 – 5）

正极反应：$O_2 + 2H_2O + 4e^- \longrightarrow 4OH^-$ （1 – 6）

在水溶液体系中电池反应：$Mg + 1/2O_2 + H_2O \longrightarrow Mg(OH)_2$ （1 – 7）

在非水体系中电池反应：$Mg + 1/2O_2 \longrightarrow MgO$ （1 – 8）

镁空气电池示意图如图 1 – 3 所示。

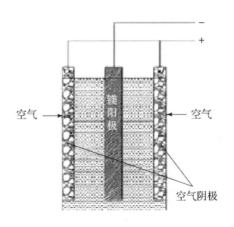

图 1 – 3　镁空气电池示意图

电池外壳主要用于保存电解液，金属燃料电池示意图如图 1 – 4 所示。

通过使用未反应过的镁阳极来替换掉电池中已反应过的镁阳极，镁空气电池可以被机械性重新利用，使之被称为可以重复利用的电池。

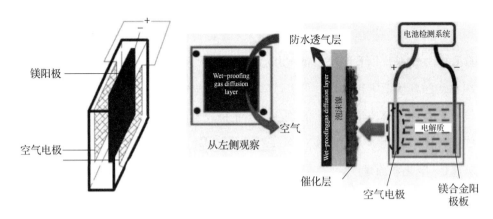

图 1 – 4　金属燃料电池示意图

1.2.1.2　技术进展

1. 镁一次电池（镁锰干电池）

镁电池是一种较早开发出来的电池，主要分为镁海水电池、镁空气电池、镁一次电池、镁二次电池等类型。然而，尽管研究较多，镁电池的商业应用仍旧十分有限。

1928 年美国镁业公司的 Wood Robert 等发现以镁或者镁合金作为一次电池具有相对高的电压，并申请了镁电池专利，之后，RC Kirk 又设计组装了镁锰干电池。

镁锰干电池与锌锰干电池相似，在电池体系 $Mg \mid Mg(ClO_4)_2 \mid MnO_2$ 中，以镁作为负极发生氧化反应，$Mg(ClO_4)_2$ 作为电解质传递电子，以 MnO_2 作为正极材料得到电子发生还原反应，镁锰干电池示意图如图 1 – 5 所示。

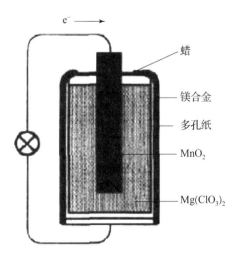

图 1 – 5　镁锰干电池示意图

阳极：$Mg - 2e^- \longrightarrow Mg^{2+}$ (1-9)

阴极：$2MnO_2 + H_2O + 2e^- \longrightarrow Mn_2O_3 + 2OH^-$ (1-10)

总反应：$Mg + 2MnO_2 + H_2O = Mn_2O_3 + Mg(OH)_2$ (1-11)

根据能斯特方程：

$$\phi_+ = \phi_0^0 + \frac{RT}{2E}\ln[a(H_2O)/a(OH^-)]$$ (1-12)

$$\phi_- = \phi_0^0 + \frac{RT}{2E}\ln a(Mg^{2+})$$ (1-13)

可以对电源的电动势进行求解：$E = \phi_+ - \phi_-$，因为 Mg 的还原电位较负，因此电源电动势较大，但是镁是一种活泼性很强的金属，在镁锰电池放电系统中，式（1-14）和式（1-15）两种反应相互竞争[10]，由此造成 Mg 的利用率不足。

$$Mg + 2MnO_2 + H_2O = Mn_2O_3 + Mg(OH)_2$$ (1-14)

$$Mg + 2H_2O = H_2 + Mg(OH)_2$$ (1-15)

电流的产生反应见式（1-14），镁发生的腐蚀式反应见式（1-15），镁由于其自身的化学性质活泼，很容易在空气中被氧化进而形成 MgO，在镁电极的表面会形成一层钝化膜，会对电池的反应产生阻碍作用，造成电池在放电的过程中不能满足高倍率放电要求，如果阳极开始腐蚀，会放出氢气及热量，促使膜脱落，造成阳极腐蚀反应继续进行，因此镁电池在进行放电后其存储能力呈现出下降的趋势，不能进行间歇使用。

为解决钝化问题，目前负极采用活泼性不高的镁基合金，可抑制镁表面生成钝化膜，进而提高电池性能。有些研究人员使用了比表面更大的多孔镁电极，因而其倍率性能更好。离子传导是由电解液来进行的，所以电解质对电池的性能有很大的影响。它的一个重要指标是溶液的电位窗口和电解质的电导率。一般而言，要实现在表面上不生成钝化膜，就必须有一种不生成或不接受质子的电解质溶液。稳定的大分子镁盐较为少见，目前，高氯酸镁和氯化镁作为替代物被广泛应用，高氯酸镁和氯化镁能穿透钝化膜层，进而使电池反应可以持续开展。但这也会促进自腐蚀现象的加重，导致效率低下。因此，人们将选择投向有机镁盐的醚溶液以及聚合物电解质。聚合物电解质是一类具有离子传输性的高分子聚合物，虽然能弥补液体电解质的不足，减少副反应，但是其电导率不高，在使用的过程中要采用添加离子液体的方式加大电导率。可充镁电池在解决钝化和自腐蚀问题中应运而生。

镁一次电池以前主要是在军用无线电收发器领域运用，但随着时间的推移，它在市场上逐渐被一种更好的新电源所替代，目前应用领域很小，已经不再商品化[11]。

2. 镁二次电池的研究进展

镁二次电池是参照锂离子电池原理提出的一种新型可充电电池。目前，尽管镁二次电池的开发获得了较大的进展，但仍旧在最初级的发展时期，离实用化还有一定距离。影响镁可充电电池的因素：一是在大多数电解液中，镁会形成不传导的钝化膜并造成镁负极失去电化学活性；二是在一般的基质材料中 Mg^{2+} 很难嵌入。要想克服以上所述的两个瓶颈，就需要找到正极材料以及合适的电解液。镁二次电池的工作原理如图 1-6 所示。

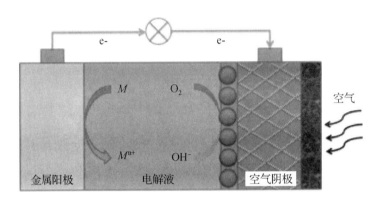

图 1-6　镁二次电池的工作原理

与一次电池的组成结构类似，镁二次电池主要由电解液、正极和负极构成，研究重点放在正极以及电解液上，Aurbach 等以色列科学家研发了一种新型电解液 $Mg(AlCl_2BuEt)_2/THF$（四氢呋喃），其沉积-溶出可逆性表现优异。研究人员分别探究了聚阴离子型化合物、过渡金属硼化物、过渡金属硫化物、过渡金属氧化物（二硫化物和 Chevrel 相 Mo_6S_8）等集中在正极材料研究领域的材料。实验证明，Mo_6S_8 与这种电解质的兼容性最好。

在充放电时，镁离子会从阴极析出，并随电解质向阴极的表面移动，进一步嵌入到阴极中；而在充放电的同时，镁离子会脱离正极，又会被电解质带回负极，从而在负极的表面形成镁元素。所研究的正极材料包括过渡金属硫化物、过渡金属氧化物（二硫化物和 Chevrel 相 Mo_6S_8）、过渡金属硼化物、聚阴离子型化合物，研究发现以 Mo_6S_8 在电解液中兼容性最好。放电时，镁离子从负极溶出，并通过电解液迁移到正极表面之后嵌入正极材料中；充电时，镁离子在正极材料中脱出，经过电解液在负极材料上脱出，在负极上以镁单质沉积在负极表面。

自 1917 年格林试剂（$RMgX$，其中 R 是烷基或芳香基，X 是卤素）醚溶液中发现 Mg 能够实现溶解以及可逆沉积开始，电解液已经有了很大改进。新一代电解液采用 $Mg(AlX_4-$

$nRn'R'n'')_2$ 的醚溶液，$X = Cl$、Br 和 F，R 和 R' 为烷基；$0 < n < 4$，$n' + n'' = n$。而 $Mg(AlCl_2BuEt)_2$/THF 醚溶液的阳极分解电压约为 2.5 V（对比 Mg/Mg^{2+}），氧化电势比格林试剂高 1 V 左右。2007 年，烷基铝卤络合物的所有有机基团被换成苯基，成功合成全苯基镁铝化合物的 THF 溶液。该电解液被称为二次电解液，具有更高的电导率，阳极氧化电位可达 3.5 V 左右和可达到 3 V 的电化学窗口的特征。

镁二次电池已经有了突破性进展，但仍有很多问题，电池的放电容量低，不适合高倍率放电，钝化膜和副反应使电池效率低，二次电池的研究方向是寻找良好可逆的嵌入/脱出正极材料，开发新的高电导率、宽电化学窗口的电解液[11]。

3. 镁空气电池研究

镁空气电池融合了燃料电池和原电池的优点，是一种半电池。它具有容量大、比能量高、放电稳定、成本低、无污染等优点。当电池能量用完后，可更换镁板来重新补充能量，因此镁空气电池可设计成 "机械式再充电的" 二次电池[12]，其被称作最具有应用前景以及发展潜能的新能源[13]，从理论层面来讲，空气被当作其正极活性物质，具有取之不尽的特点，然而在进行放电时镁阳极会出现自腐蚀反应，造成镁阳极库伦效应降低，进而造成镁空气电池自身的性能下降，实际应用中，开路电压达不到理论值，这样镁电极表面受到氧化形成氢氧化镁钝化膜后，阻碍 Mg^{2+} 离子通过，致使放电困难，因此，水系镁空气电池的主要问题在于其镁合金的活化与钝化和镁水溶液的自腐蚀析氢。目前已研究出适用于镁电极的有机电解液（格式试剂），但这类液体往往易挥发，因此难以避免在空气电极一侧发生挥发的情况[14]。

镁空气电池使用纯镁时，会出现钝化膜，造成镁离子迁移困难，导致镁电池出现滞后效应。因此，当前镁空气电池研究主要是在镁合金方面，以改善其钝化效应，增强镁空气电池的放电性能。

镁空气电池的阳极通常采用的材料是金属镁，理论比电化学当量为 2.20（A·h）/g，能量为 6 800（W·h）/kg，其理论电位是 3.1 V。镁空气电池的优点为原料来源广泛、比能量高、成本低等[15]。

与锂空气电池相对比来讲，镁空气电池是一种以水为电解质的新型电池，由于其高活性的 Mg 在碱/中性环境下极易被侵蚀而导致放电，且腐蚀产物会粘附在阳极上，阻碍电池正极反应的进行。为了提高镁阳极的抗腐蚀性能，镁空气电池会采用合金化法。相关研究指出，Mg – Li – Al – Ce – Y – Zn 合金比 Mg – Li – Al – Ce – Y 合金具有较小的腐蚀电流[16]。这主要是因为 Zn 元素主要分布在 β – Li 相中，弱化了 α – Mg 与 β – Li 相之间的微电池对，造成腐蚀电流减小。此外，Zn 元素的存在也促进了 β – Li 相中 AlLi 颗粒的形成，Zn 和 AlLi 相可加速电池阳极表面反应产物的自脱落，提高了阳极活性。同时，β – Li 相中 Zn 元素的存在也有利于阳极板的均匀溶解，从而提高了阳极效率[17]，如图 1 – 7 所示。

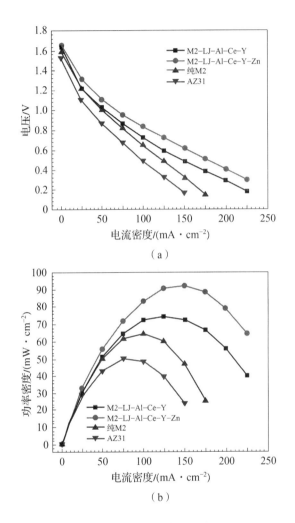

图 1 – 7　镁空气电池性能

（a）电压和电流密度的关系；（b）功率密度和电流密度的关系

　　镁空气电池中，Pt 及其合金虽然表现出良好的催化活性，但其昂贵的价格却是其应用的瓶颈。Pd 及其合金被认为是替代 Pt 基催化剂的最佳选择，尤其是二元 Pd 合金，既可以缩减成本，又可以通过加入其他元素来增强 Pd 金属的催化活性，例如 Zhao 等[18]在多层碳纳米管上制备了 PdSn 纳米粒子，经过热处理后，作为 Mg 空气电池的阴极催化剂，表现出了较好的稳定性以及催化活性。

4. 双电解液镁电池研究

镁是一种高能密度的阳极材料，但在水系电解液中容易腐蚀。双电解液镁电池（DLE）能够解决这一问题，其能够减少镁电极的腐蚀。DLE 由正极、负极、互不相溶的水相和有机相组成，阴极、阳极反应在两相中分别进行，所以镁电极不再与水相接触，在DLE 体系中，纯镁的放电比容量达 2 076（A·h）/g（达到 94.1% 的理论容量）。组装的DLE 体系电池如图 1 – 8 所示。

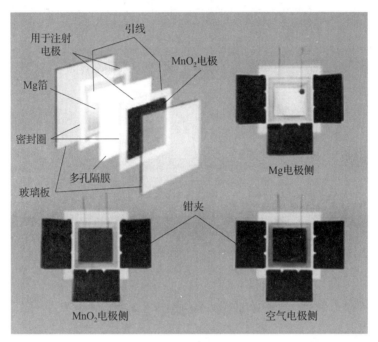

图 1 – 8　组装 DLE 体系电池

由图 1 – 8 可以看出，DLE 体系电池中间是孔径小于 0.1 μm，厚度小于 20 μm 一层吸水的多孔隔膜，在电池组装过程中，阳极选择了一片纯度为 99%（质量分数）的镁箔；阴极则采用了 88%（质量分数）的 b – MnO$_2$，同时添加了 9%（质量分数）的乙炔黑来加强电导率。阴阳极上都装上了密封垫圈，为了注入电解液，在阴阳极上部都有注液孔。在 DLE 体系中，阴极反应发生在阴极和水相之间。

MnO$_2$ 电极上发生反应：$MnO_2 + H_2O + e^- \longrightarrow MnOOH + OH^-$ 　　　　（1 – 16）

在空气电极中阴极反应：$O_2 + 2H_2O + 4e^- \longrightarrow 4OH^-$ 　　　　（1 – 17）

为了选择合适的有机相，有一些要求需被满足：首先，镁在有机相中必须很稳定，即Mg 不与有机相发生反应；其次，有机相不溶于水，以保障 Mg 电极不会接触腐蚀的水相；最后，有机相必须能够传导电流和传递 Mg^{2+} 进入水相。

一般来说，非水溶性有机溶剂的导电能力很低。所以，一般会选用在水里电导率很低、不能水溶解的丁酸丁酯作为有机相。尽管许多无机盐很难溶于有机溶剂，但许多金属阳离子与有机阴离子是相溶的。例如，可以选择 $Mg(TFSI)_2$ 作为传递 Mg^{2+} 的物质。在库伦场作用下，由于低 ε_r，根据库伦力定义 $F = Q_1Q_2/(4 \times \pi\varepsilon_r\varepsilon_0)$，离子会以离子对的形式存在，这种离子对不会增加离子强度，更不会增加其导电性[19]。为了增加有机相的导电性，添加 [BMIM(1-丁基-3-甲基咪唑)][TFSI]，加入后整个体系拥有很好的性能，如提高离子电导率，化学和电化学性能稳定[20]。采用 DLE 体系的镁空气电池如图 1-9 所示。

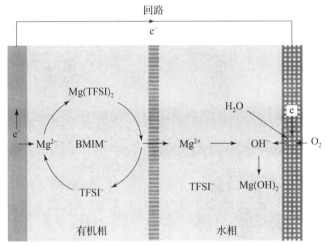

图 1-9　DLE 体系的镁空气电池

在水相中，Mg^{2+} 向阴极移动，然后与阴极反应生成的 OH 结合成 $Mg(OH)_2$，电流产生靠 Mg^{2+} 离子的移动，在有机相中 Mg^{2+} 离子通过离子对 $Mg(TFSI)_2$ 扩散，把 Mg^{2+} 从阳极带到水相，$TFSI^-$ 起到了导电载体的作用，大大提高了阳极效率，DLE 体系的阳极效率可以达到 90% 以上[21]。

虽然 DLE 体系提高了阳极活性物质利用率，但是由于 Mg 在有机相中的离子对的扩散系数低、反应速率较慢，以及有机相中离子电导率低，DLE 电池出现了较低的放电电压，这是 Mg 电池要得到实际应用必须克服的问题[11]。

1.2.1.3　问题和方向

按照所使用电解液的差异，其反应机理也会有差异，水系镁空气电池的产物为 $Mg(OH)_2$，有机系中的产物为 MgO。在水系中，镁空气电池的主要问题是镁合金会出现钝化或着活化现象，同时还有镁的自腐蚀析氢等问题。在有机体系中，镁空气电池的性能较差，在发生放电反应的过程中，镁电极表面会被一层氢氧化镁钝化膜所覆盖，进而使离子传输的通道被阻断，导致电池性能衰减[5]。

在之后的发展中，镁因为其轻金属特性，相对于其他金属来讲密度小、导热性和导电性强，与锂具有相似的化学性质，标准电极电位在 2.36 V（相对 SHE）左右，具有组成较大开路电压和工作电压的潜力。由于镁的电化学当量小，具有高理论比容量 $[2\ 202(mA\cdot h)/g]$，相比于锌锰干电池来讲，其不含有对环境有害的元素，相比于锌来讲，镁的价格低廉，对于环境来讲还比较安全，因此作为电极材料十分理想。我国在世界上镁储量丰富，因而我国在镁电池的开发方面也具有很大的优势[22]。镁空气电池环保性好，同时又具备高能量的特点，可大功率放电，且具有充电时间短、易于储存以及使用安全系数高等特点。

镁空气电池适应能力强且易于回收[6]，特别是中性盐或海水电解质镁空气电池系统具有较高的性价比，可用于海洋水下仪器电源和电动汽车动力系统、备用电源等领域。相比铝空气电池和锂空气电池、锌空气电池，镁空气电池具有较强的环境友好性，因此在盐溶液中的表现也更加良好，因而镁空气电池相对于其他电池来讲得到更多研究。

1.2.2　锌基电池

锌空气电池的负极是金属锌，以空气为正极，电解质溶液采用碱性水溶液，它具备良好的环境协调性以及安全性，拥有广泛的应用范围。

锌空气电池主要有一次电池、机械可再充式电池、蓄电池三种，由于锌空气一次电池仅受锌和电解质的影响，仅可以单次使用；机械可再充式电池通过更换电解液和金属负极实现可再充性能，其寿命主要取决于空气正极[23]；二电极的一次锌空气电池以及三电极的二次锌空气电池结构如图 1-10 所示。

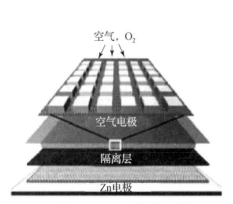
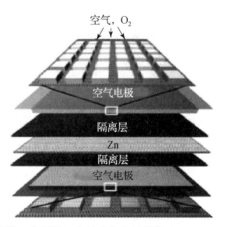

图 1-10　二电极的一次锌空气电池以及三电极的二次锌空气电池结构

尽管锌空气电池在蓄电池的发展领域已取得一定进展，但仍有一系列问题亟待解决，其中最重要的是发展一类可逆的锌负极来协调醋酸锌在碱性电解液中的化学反应。锌空气电池存在氧气反应速率慢和过电势较高等问题。钙钛矿、尖晶石等结构的非贵金属催化剂能够有效地降低空气正极的过电势，在电池中安装 CO_2 洗涤器可解决碱性介质中碳化对电池寿命产生的影响。

1.2.2.1 电化学原理

1. 锌空气电池的工作原理

锌电极通过氧化反应释放出电子，并与电解液中的 OH^- 发生反应；正极催化剂与空气中的氧气接触并进行氧化还原反应，形成闭合回路，进而完成电池的整个充放电过程。电极反应的具体过程如下：

$$负极：Zn - 2e^- \longrightarrow Zn^{2+}；Zn^{2+} + 4OH^- \longrightarrow Zn(OH)_4^{2-} \longrightarrow ZnO + H_2O + 2OH^-$$

$$(1-18)$$

$$正极：O_2 + 2H_2O + 4e^- \longrightarrow 4OH^- \tag{1-19}$$

$$总反应：Zn + 1/2O_2 \longrightarrow ZnO \quad E^0 = 1.65 \text{ V} \tag{1-20}$$

可充电锌空气电池在进行放电时阳极锌被氧化并释放出电子，电子流向空气电极。同时，空气中的氧气扩散至空气电极三相界面与正极催化剂接触，并发生 ORR 氧化还原反应产生氢氧根离子。氢氧根离子通过电解质的作用可以移动至锌电极，导致锌酸盐离子的形成，随后分解为氧化锌[24]。

在实际充放电过程中，锌空气电池的理论电压约为 1.65 V，充电电压高于锌空气电池的标准电动势 1.65 V，放电电压低于 1.65 V，锌空气电池实际充放电极化曲线如图 1-11 所示。

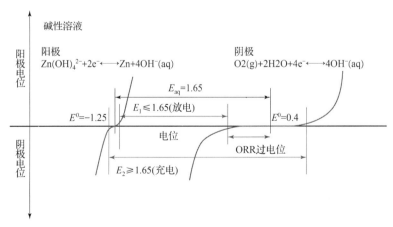

图 1-11 锌空气电池实际充放电极化曲线

由图 1 – 11 所示的极化曲线可知，氧化还原反应时，其产生的氢氧根离子会引起过电势，过电势随充电时间的增长而增大。在锌空气电池中，ORR 具有两种不同的用途，一种是通过氧活性材料来提高电池的能量密度，另一种是通过电压损失来降低电池的功率密度。因此当前大部分的研究主要集中在空气电极结构设计、新型催化剂的开发等方面，降低空气正极大的过电势[5]。

$$\text{锌阳极：} 2Zn + 4OH^- - 2e^- \longrightarrow Zn(OH)_4^- \longrightarrow ZnO + 2H_2O \qquad (1-21)$$

$$\text{空气阴极：} O_2 + 4e^- + 2H_2O \longrightarrow 4OH^- \qquad (1-22)$$

$$\text{总反应：} 2Zn + O_2 \longrightarrow 2ZnO \qquad (1-23)$$

$$\text{副反应：} Zn + 2H_2O \longrightarrow Zn(OH)_2 + H_2 \qquad (1-24)$$

锌空气电池在充电过程中电极发生的电化学反应：

$$\text{锌阳极：} ZnO + 2H_2O \longrightarrow Zn + 4OH^- - 4e^- \qquad (1-25)$$

$$\text{空气阴极：} 4OH^- \longrightarrow O_2 + 4e^- + 2H_2O \qquad (1-26)$$

$$\text{总反应：} 2ZnO \longrightarrow 2Zn + O_2 \qquad (1-27)$$

2. 锌空气电池几个重要参数的理论值计算

1）开路电压

$$\text{阴极：} 1/2O_2 + H_2O + 2e^- \longrightarrow 2OH^- \qquad E^0 = 0.401 \text{ V} \qquad (1-28)$$

$$\text{阳极：} Zn + 2OH^- \longrightarrow ZnO + H_2O + 2e^- \quad E^0 = -1.245 \text{ V} \qquad (1-29)$$

$$\text{总反应：} Zn + 1/2O_2 \longrightarrow ZnO \qquad E^0 = 1.646 \text{ V} \qquad (1-30)$$

根据上述反应式可以写出锌空气电池的电动势：

$$E = E^0_{O_2/OH^-} - E^0_{Zn/ZnO} + \frac{0.059}{2} \lg P_{O_2}^{1/2} = 1.646 + \frac{0.059}{2} \lg P_{O_2}^{1/2} \qquad (1-31)$$

通常情况下，空气中的氧分压约为大气压力的 20%，因此可得锌空气电池的理论电动势：

$$E = 1.646 + \frac{0.059}{2} \lg 0.2^{1/2} = 1.636 (\text{V}) \qquad (1-32)$$

由于在实际反应中很难达到标准状态下的热力学状态，实际测得的锌空气电池的开路电压一般在 1.4 ~ 1.5 V。

2）电池容量与比容量

理论容量：假设活性物质全部放电条件下可以从电池获得的电量。其计算公式为

$$C_0 = 26.80n(m_0/M) = m_0/K(\text{A} \cdot \text{h}) \qquad (1-33)$$

$$K = M/26.8n(\mathrm{g \cdot A^{-1}}) \tag{1-34}$$

式中，M 为活性物质的分子量；m_0 为活性物质完全反应时的质量；n 为成流反应时的电子数；K 为活性物质的电化当量。

实际容量 C：在一定放电条件下电池实际放出的电量。其计算方法是：$C = I \times T$（电流乘以时间）

理论比容量 C_1：理论比容量分为两类，一类是质量比容量，指的是电池或活性材料每单位质量释放出的电能；另一类是体积比容量，也就是单位体积的电池或活性物质所发出的电量（锌空气电池的活性物质一般以锌为标准）。

$$C_1 = C_0/m \text{ 或者 } C_1 = C_0/V \tag{1-35}$$

式中，m 为活性物质的理论质量；V 为活性物质的理论体积。

$$C_1 = C_0/m = 26.8 \times n \times m_0/(Mm_0) = 26.8 \times 2/65 = 0.824(\mathrm{A \cdot h \cdot g^{-1}})$$

1 mol 电子有 1 F 的电量，1 A·h 电量有 3 600 C，而 1 mol Zn 有 2 mol 电子，所以 1 g Zn 的比容量[25]就为

$$C_1 = C_0/m = n \times F/(CM) = 2 \times 96\ 485/(3\ 600 \times 65) = 824(\mathrm{mA \cdot h \cdot g^{-1}}) \tag{1-36}$$

3）电池的能量与比能量

电池能量：电池在一定放电条件下对外做功所能输出的电能。

理论能量 W_0：假设电池在放电过程中始终处于平衡状态，放电电压保持电动势 E 的数值，而且活性物质的利用率为 100% 时电池所能输出的能量。其计算公式是

$$W_0 = C_0 \times E \tag{1-37}$$

理论比能量 W_0：一种是质量理论比能量；另一种是体积比能量。即单位体积的电池或活性物质所放出的电量（锌空气电池的质量理论比能量运用较多）。所以 1 个单位体积 Zn 的比能量就为

$$W_0 = C_0 \times E = 824 \times 1.65 = 1\ 350(\mathrm{W \cdot h \cdot kg^{-1}}) \tag{1-38}$$

实际能量 W：电池放电时实际放出的能量。其计算方法是

$$W = C \times V \tag{1-39}$$

1.2.2.2 技术进展

尽管锌空气电池具有很高的能量密度，但目前制约其实用化的主要问题是：缺乏有效的催化剂制备方法、锌阳极的溶解和析出不均匀以及功率密度偏低，该领域工作者据此在结构和材料方面对锌空气电池进行技术研究。

1. 结构

吉林大学的赵娟娟[26]研制了单体锌空气电池并研究了其恒电流放电，探究了影响电池性能的因素，如电极极板间距、电解质溶液、黏结剂含量、锌片厚度。同时，还创新性地将锌空气电池与超声振荡技术进行结合，设计了一种带有超声振荡的锌空气电池，其放电性能得到明显的改善。Toussaint G 等[27]采用三维电极结构和空气保护电极，研制了一种可充电的锌空气电池，解决了传统锌空气电池的问题，有很大的循环效率发展。该电池采用锌电极，能够达到高能量密度的实现。该锌空气电池不仅在标准循环条件下开展相关测试，而且还用于普通电动汽车驱动循环。

近期，锌基二次电池得益于自支撑 3D 多孔锌电极的运用，能够进行畅通化的物质传输以及良好的导电性能发展。Parker 等[28]对于 3D 全金属锌海绵电极进行设计，其主要特点是具有良好的导电性能，在放电电流密度为 24 mA/cm² 时，通过 45 次充放电循环测试后保持无枝晶状态。

但是在放电深度方面，这种自支撑电极仅仅是 23%，在开展深度放电的过程中，这种 3D 结构很容易出现坍塌。为了能够有效地解决这一问题，Zhao 等[29]合成了一种新型 3D 电极材料，这种材料适用于锌基碱性电池，其具备很多优点：①在铜基体中存在较高的析氢过电势；②由于铜框的整体结构具有较高的稳定性，所以不会出现电极崩塌的现象；③内部连接的金属骨架有利于高速的物质传输以及电子传输；④对于均匀分布的活性材料来讲，多孔结构有利于提高电化学活性的比表面积。

锌/铜泡沫电极具有很高的循环稳定性（10 000 次充放电循环后保持电势稳定，不发生枝晶生长），且具有良好的倍率性能（容量保持率在 200 mA/cm² 条件下为 92%）。锌箔或锌片采用热处理工艺制作时，可以使其导电性保持良好的状态，提高锌电极的表面面积，还能够使充电时锌沉积的过电势降低，将枝晶形成的概率降低。

另外，3D 锌电极还能有效地分散电解液和电流，减少了锌的钝化。更重要的是，电沉积制备的多孔锌膜电极的厚度仅仅几十微米，这就减少了氢氧根离子在电极孔中进行扩散所受到的阻力，同时阻碍 ZnO 的形成，从而将钝化概率降到最小[7]。

2. 材料

近年来，传统锌空气电池领域的工作者们将自身的研究重点放在如何提升锌粉基电极的性能上，为提高其电化学导电性，传统的方法是在锌黏合剂中加入炭黑，以增强活性材料的导电性。采用这种方式，能够提升锌空气电池的最大功率密度，相较于传统锌电极的电池最大功率密度增加了 17.6%。Zhang 等[30]制造了一种用在锌空气电池上的纤维锌电极，可以有效地平衡导电性及多孔性。在 100 mA/cm² 的放电密度下，可获得 86% 的锌利用率。将 Ti_4O_7 添加到 Zn 基材料中，能有效改善 Zn 基材料的导电性能，并对于 Zn 基材料上的枝晶生长起到抑制作用。这种电极仅在 320 个充放电周期后，其瞬时电容就会降低至初始电容的 90% 以下。

由于商用泡沫铜（最薄至 100 μm）具有集流体难以安装、柔性特征不明显以及价格高等问题，可依据共沉积原理制备多孔铜薄膜，作为基体进行电化学沉积锌进而制备柔性多孔锌薄膜，从而应用于三明治型柔性可充锌空气电池。

1.2.2.3 问题和方向

1. 问题

（1）电解质中存在吸湿性以及水分蒸发的问题会影响其稳定。可充电锌空气电池在使用过程中，由于空气中的氧能够经由防水透气层进入电池中，使其不能实现完全的密封。因而，在使用过程中，很容易发生吸潮以及水分挥发等现象，从而引起电解质纯度以及浓度的变化，对电池的性能产生较大的影响。

（2）锌枝晶的生长问题。在碱性锌空气二次电池中，锌负电极在充电过程中会生成枝状的晶体，这就是我们所说的"锌枝晶"。依照研究结果，锌电极的反应过程主要受液相转移过程控制，在锌电极表面反应物质的浓度低，从而产生了很大的浓差极化。在此基础上，电解质中的活性物质向电极表面的突起处扩散，使其易于发生化学反应，导致电流在电极上分布不均，并最终生成树枝化晶体。锌枝晶生长时间长了以后，电池隔膜被击穿，电池短路失效。

（3）电解液碳酸化。锌空气电池为开放体系，其电解质会受到空气中二氧化碳的影响，并且电解液与二氧化碳会发生化学反应生成碳酸盐类，导致其电解液电导率下降。此外，在空气电极上还存在着大量的碳酸盐晶体，这些晶体会堵塞空隙，从而使催化剂的活性下降。这将严重影响碱性燃料电池及碱性金属燃料电池的正常运行。因此，如何有效地控制二氧化碳的浓度是锌空气电池寿命的关键问题。

（4）空气电极催化剂活性偏低。鉴于锌空气电池对催化材料的双重要求，需要对氧还原（ORR）和氧析出（OER）的性能进行优化，使之能够应用于锌空气电池。Pt 在氧还原反应中表现出良好的催化活性，但是会生成一层稳定的氧化膜，因此对 OER 表现出较差的性能；而 Ru、Ir 等贵金属氧化物虽然在氧还原反应中表现出良好的催化活性，但对 ORR 的活性较低。与可再充电的锌空气电池相比，目前使用的贵金属催化剂存在稳定性差、价格昂贵等问题。为了在同一空气电极上实现 ORR 和 OER 双重催化作用，在锌空气电池中广泛开发不包含贵金属的双功能催化剂。目前在不降低双功能催化效率的前提下，开发出一种稳定的催化剂材料仍旧存在很大的困难，其主要原因在于，在充放电时 ORR/OER 电位的操作范围很广[31]。

（5）催化剂能否工业化制备。尽管在开发催化剂方面，学者已经进行了很多的研究，也进行了很多优质催化剂的开发，但仍旧面临着对其进行大量工业制备的问题，这成为金属燃料电池商业化应用被限制的因素之一[24]。

2. 方向

由于锌空气电池对水相的稳定性较好，且可在空气中完成组装，因此该电池的组装和使用较为简便。此外，锌空气电池电解液主要为水性电解液，其成本较其他非水电解质锂空气电池低，因此相较于锂空气电池，锌空气电池更具价格方面的优势。

可充电锌空气电池具有 1 086 （W·h)/kg 的理论能量密度，它是当前商业化锂离子电池的 5 倍，而且它拥有环保无污染、安全系数高、成本较低等优势，因此它在交通信号系统以及助听器等制作中被广泛运用。制备新型锌电极具有以下优势：成本低廉，工艺简单，不引入高功率机械装置以及能耗设备。与其他类型的金属燃料电池相比，锌空气电池具有成本低、安全性好和环境友好等优点。而且，锌空气电池的电池成本［160 $/(kW·h)］低于锂离子电池[32~34]。

锌空气电池在实际当中已经被助听器所应用，且只有在碱性溶液中，锌具有良好的耐腐蚀性和可接受的化学反应动力学特性，锌空气电池在一些特定领域为最好的选择。相对于其他金属燃料电池，锌空气电池不仅具有高能量密度、绿色环保、成本低廉、安全可靠、环境友好、适用范围广等优势，而且其电化学性质（如放电电压稳定等）为其广泛应用奠定了良好的基础。

1.2.3　铝基电池

铝空气电池主要是由空气电极、电解质、金属铝阳极这三个部分组成的，因此在开展研究的过程中，对于铝空气电池也是从这三个维度进行研究的开展。铝空气电池负极为高纯度铝或铝合金，以空气当做其正极，电解质溶液主要采用的是氢氧化钠、氢氧化钾或中性溶液，工作原理与锌空气电池类似。铝空气电池比能量高，负极铝储量丰富，便宜易得，使用寿命长，电极制备工艺简单，无毒，环保，适应性强[5]。

1.2.3.1　电化学原理
在铝空气电池运用的过程中，它的负极会被氧化，同时失去电子。氧在正极被还原得到电子。电子经过外部电路，流入到正极使电流产生。在电池放电的时候，金属铝阳极发生氧化反应，生成 $Al(OH)_3$，氧气在空气电极上发生还原反应，生成 OH^-。在这个过程中，金属铝中储存的化学能被大量的转化成电能，并提供给外电路，其具体的反应过程方程式如下所示[35]：

$$阳极：Al \rightarrow Al^{3+} + 3e^- \tag{1-40}$$

$$阴极：O_2 + 2H_2O + 4e^- \rightarrow 4OH^- \tag{1-41}$$

$$总反应：4Al + 3O_2 + 6H_2O = 4Al(OH)_3 \tag{1-42}$$

因为铝水反应的发生，在金属阳极处会发生一个我们不希望发生的（寄生）反应。此析氢反应表示如下：

$$副反应：Al + 3H_2O = Al(OH)_3 + 3/2H_2 \tag{1-43}$$

根据提供的方程式不难发现，铝空气电池是一种无污染的清洁能源，在其进行放电过程中没有释放任何有毒性的物质。

铝空气电池在运用过程中存在着严重的铝的自腐蚀问题。有三种阻止铝空气电池中铝进一步氧化的主要机制：形成氢氧化铝或者氧化铝膜；在反应过程中，由于腐蚀产物的生成，氢的释放，导致电池潜力的下降。鉴于这种局限性，为了减少侵蚀率，必须进行更多的研究工作[36]。

铝空气电池工作原理示意图如图 1-12 所示。

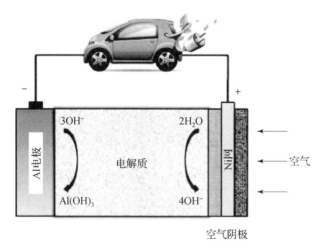

图 1-12 铝空气电池工作原理示意图

1.2.3.2 技术进展

铝空气电池是一种用氧气作为阴极活性物质，用铝作为正极活性物质，与无机电解质组合而成的一种新型电池，它的理论比能量高达 8 135（W·h）/kg，实际比能量可达到

900（W·h）/kg[35]；此外，它还具有大容量，长寿命，使用安全，环保等特点。因此，它从一开始就备受研究者们的重视，被称作"21 世纪的绿色能源"。在实践中，该电池仅消耗氧，不需要充电，仅需加入电解质并补充铝合金阳极就可以实现。针对铝空气电池比能量高的问题，很多研究拟通过在铝空气阳极中加入微量元素，降低其腐蚀同时抑制其自放电，并对铝空气电池在不同电解质环境中的电化学行为进行系统研究。以色列 Phinergy 公司与美铝加拿大公司合作，开发出了一种铝空气电池，并成功应用在了电动车的道路测试中。其设计主要是采用铝空气电池作为辅助电源，在锂电的电量消耗完之后，铝制空气电池就会被激活，从而增加车辆的续航里程。因为铝阳极在被氧化之后会在其表面形成一层薄膜，其能够减少金属铝与电解液的接触，但是该铝空气电池采用一种新技术，能够使电解质溶解自身表面的薄膜，进而促进反应的持续化的开展。电动汽车用铝空气电池组如图 1 – 13 所示。

图 1 – 13　电动汽车用铝空气电池组

我国正在积极开展针对汽车用金属燃料电池的研究，但目前仍处于试验阶段。西华大学吴维斐等学者[37]采用铝空气电池作为蓄电池与增程器串联搭建电 – 电增程式低速电动车实验平台，同时对其开展了增程性能测试，结果表明，铝空气电池能够满足相关的要求。

金属燃料电池用于电动汽车动力电源的商业化仍旧需要较长的一段时间，目前其主要是用于应急备用电源使用。当前，大多数的研究都是以对空气电极的性能进行改进等基础研究为主，这也是提高金属燃料电池放电性能的重点所在。但是这部分的研究大多是用于对活性物质材料的性能分析以及制备方面，而关于空气电极的制备工艺对电池性能的影响的研究却很少。再者，关于液体金属燃料电池的研究主要集中在铝空气电池上，而对作为液体金属燃料电池的另外一种——镁空气电池的关注度不足，关于它在电动汽车电池方面的应用研究更为不足[6]。

Nestoridi M 等[38]通过对铝合金阳极在盐水电解液中对电池功率密度的影响研究，发现在常温条件下，含少量镓（质量分数0.05%）、锡（质量分数0.1%）的铝合金，在氯化钠溶液中以更快的速率进行了有序的溶解。其中合金含量对耐蚀性及溶解率的影响较大。Lee J等[39]在进行铝空气电池的制作过程中铝阳极采用的是物理改性铝箔，通过微喷砂法，将直径约10 μm的珠粒喷射到铝阳极上，可提高电极的反应活性以及表面积。同时，通过电解质在电池内部各单元间的循环，既可以增强电池的稳定性，又可以消除阳极反应过程中所产生的副产品。

除了针对铝空气电池的电解质以及阳极的研究，还有学者开展了有关铝空气电池的实际运用方面的研究。万普鹏等[40]采用增程器与镍氢电池相结合的方法，对铝空电池在电动汽车上使用的动力源进行了试验，因为铝空电池在低温下的启动速度较慢，导致其在低温环境中的性能较差，且具有更好的热车性能，而将铝空电池用作增程电源，可以提高电池的续航能力。赵少宁等[41]对高功率铝电池堆的系统组成以及工作原理进行了研究，并将电解质循环的特点以及机械充电进行结合，对铝空气电池的箱体结构进行了设计，使其能够以更换铝板的方式达到持续放电的目的。

1.2.3.3 问题和方向

1. 问题

就当前来讲，与锌空气电池相似，铝空气电池的工作原理也同样在军事化领域得到广泛的运用，其负极铝价格低廉容易获取，因为铝空气电池中空气电极的工作电势与热动力学平衡电势相距很远，所以在放电过程中会出现很大的极化。造成铝空气电池只具备50～200 W/kg比功率，同时由于其电压滞后，充放电速度不足造成电池过热；负极大量析氢、金属铝自身溶解产生严重的自腐蚀放电，此外，在商业纯铝上还存在一些金属铁、铜等金属元素，这些元素析氢过电压较低，造成负极的自腐蚀现象更加严重；在长时间放电后，半开放体系电池的碱性电解液与空气中的二氧化碳进行反应会产生碳酸盐，随着电池放电的进行，这些碳酸盐产物会在空气电极的表面沉积下来，导致空气电极的堵塞，影响电池的性能；外部环境中的水分也会对结构产生不利的影响。为了解决上述问题，采用铝合金作为负极材料，将缓蚀剂加入电解液中，或者在电极表面负载高析氢电位的金属或金属合金，提高金属负极的电化学活性利用率，进而减少负极的自腐蚀[42]。

2. 方向

尽管铝空气电池存在着电压滞后、充放电速率慢、比功率低、过热和自腐蚀等不足，但由于优良的综合性能，其研究一直备受重视。未来铝空气电池的研究重点将从理论基础研究转向实际应用。要实现铝空气电池的规模化生产与应用，一方面，要研究高活性、低成本的氧还原催化剂；另一方面，要发展可实现其规模化生产的催化剂制备工艺，为其产业化应用提供保障。尽管铝空气电池的推广应用仍面临一些技术瓶颈，需对其电池结构、电解液以及催化剂等进行改进。在科研人员的深入研究下，铝空气电池将在其成本以及性能上得到优化，并实现产业化应用[43]。

1.2.4 锂基电池

锂空气电池因其极高的理论能量密度而受到人们的广泛关注，这对于解决未来新能源动力供应以及运输用电问题有着十分重要的意义。

根据电解液类型的不同，锂空气电池分为混合电解液锂空气电池、非水系锂空气电池、全固态锂空气电池、水系锂空气电池，如图 1-14 所示。其中，水溶液电解电池具有廉价易得、高导电性等优势，然而，电化学过程在水介质中会受到析氢、析氧反应的影响，导致电位区间狭窄，使得锂空气电池的实际电压比理论值低得多，且锂与水之间的反应强烈，严重威胁着电池的安全。然而非水系锂空气电池因其可再充能力、高能量密度等优势而受到广泛重视[5]。尽管锂空气电池拥有超高的理论能量密度、比容量较高、可逆性好等优点，但空气电极存储放电产物的空间有限、孔道的利用率低、传质能力差、能量转换效率低等问题也影响非水系锂空气电池的可逆性与稳定性。

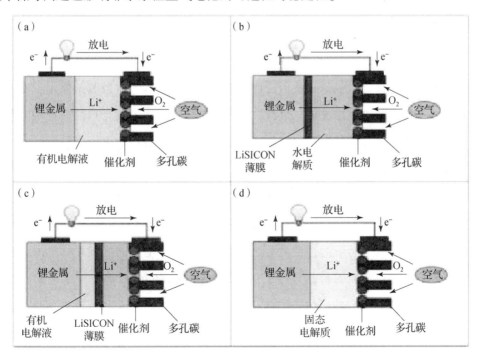

图 1-14 四种体系的锂空气电池结构示意图

（a）无水的；（b）含水的；（c）混合的；（d）固态电解质

1.2.4.1 电化学原理

非水系锂空气电池的放电产物为 Li_2O_2 和少量 Li_2O 的混合物，具体放电反应如下：

$$负极：Li \longrightarrow Li^+ + e^- \tag{1-44}$$

$$正极：O_2 + 2Li^+ + 2e^- \longrightarrow Li_2O_2 \downarrow \tag{1-45}$$

$$总反应：2Li + O_2 = Li_2O_2 \downarrow \quad E_{ocv}^{\theta} = 2.96 \text{ V} \tag{1-46}$$

$$4Li + O_2 = 2Li_2O \downarrow \quad E_{ocv}^{\theta} = 2.91 \text{ V} \tag{1-47}$$

其中，E_{ocv}^{θ} 为标准状况下锂空气电池的热力学开路电压，在正极表面主要存在两种反应机理：

$$放电反应机理 1：O_2 + e^- \longrightarrow O_2^- \tag{1-48}$$

$$2O_2^- \longrightarrow O_2 + O_2^{2-} \tag{1-49}$$

$$2Li^+ + O_2^{2-} \longrightarrow Li_2O_2 \tag{1-50}$$

$$放电反应机理 2：O_2 + e^- \longrightarrow O_2^- \tag{1-51}$$

$$O_2^- + Li^+ \longrightarrow LiO_2 \tag{1-52}$$

$$2LiO_2 \longrightarrow Li_2O_2 + O_2 \tag{1-53}$$

$$充电反应机理 1：Li_2O_2 \longrightarrow LiO_2 + Li^+ + e^- \tag{1-54}$$

$$LiO_2 \longrightarrow O_2 + Li^+ + e^- \tag{1-55}$$

$$充电反应机理 2：Li_2O_2 \longrightarrow O_2 + 2Li^+ + 2e^- \tag{1-56}$$

在实际发展过程中，关于非水系锂空气电池的正极反应机理，到现在为止仍需进一步的研究，当前研究结果都是基于一些理论计算以及猜测，并且大多数都是使用了非原位表征的方法，不能准确地展示出充放电过程中的反应路径，所以，在今后的研究中，还需要使用原位表征技术，才能更好地了解非水系锂空气电池的正极反应机理[44]。

1.2.4.2 技术进展

20 世纪 70 年代针对锂空气电池已经开始进行研究，1976 年 Littauer E L 等[45]提出了水溶液体系锂空气电池的定义，1996 年 Abraham K M 等[46]提出一种新型的金属燃料电池体系，针对有机聚合物电解液的锂空气电池体系进行研究，但是因为其在循环寿命以及能量密度等方面存在难以攻克的科技难题，在未来的 10 年期间针对锂空气电池的研究几乎处于停滞状态。直到 Bruce P G 团队于 2006 年[47]选择使用 MnO_2 当做氧还原催化剂，在非水体系锂空气电池中采用非原位光谱技术发现放电产物 Li_2O_2 能够进行分解以及可逆生成，该研究结果表明，锂空气电池具有可逆特性，因此受到全世界的重视。

2011 年，该团队[48,49]发现在氧气存在的情况下，锂空气电池早期使用的碳酸酯类、醚类、腈类电解液在超氧根的环境中均发生严重的自身分解，不能支持 $Li - O_2$ 反应的稳定进行，提出了相对稳定的乙二醇二甲醚电解液，并通过差分电化学质谱验证了醚类电解液较酯类电解液有更高的稳定性。Xu J – J 等[50]提出了"空气正极表面可调控放电产物沉积行为"理论，突破了当前提升电池性能的传统思路，并发现在醚类锂空气电池中具有催化活性的非贵金属催化剂，改变了当时该领域"不可能存在具有催化活性的非贵金属催化剂"的认识[51,52]。

虽然相比于索尼在1991年发布的锂离子电池的能量密度，现在的能量密度要高出一倍有余，而且价格也要便宜90%不止，但不可否认的是，锂离子电池的发展已经走到它的尽头。它们的能量密度低，成本高，制约着它们为高端电子产品提供能源的能力。近年来各国研究者们在电池正极材料及结构设计、电解液、隔膜等方面进行了深入研究，使锂空气电池的比能量密度得到较大提升，甚至可与内燃机中汽油燃烧提供的能量密度相当 [1 700 （W·h）/kg]。由于在能量密度上的显著优势，锂空气电池被认为是可替代燃油的下一代新型储能、供能系统[5]。作为继锂离子电池之后的一种全新的高比能电池体系，锂空气电池具有最低的电化学氧化还原电势 ($E_{Li+/Li} = - 3.040$ V)，最高的理论能量密度 [约3 500 （W·h）/kg]，其全包装能量密度超过600 （W·h）/kg，为锂离子电池的5~10倍，接近汽油在内燃机中燃烧所提供的能量密度，被认为是可替代汽油的下一代储能系统，在忽略反应中参与的氧含量的情况下，锂空气电池的能量密度为1 143 （W·h）/kg，达到了接近化石燃料的水平。也正是因为其具有作为电动汽车驱动电源的潜力，当前人们对锂空气电池的重视程度不断上升，并不断加大对其研发的投入。但是，由于种种原因，目前锂空气电池的能量密度还没有达到理论水平的要求值。其中一个重要原因是，电池反应的部分放电产物要存储在电池内部，因此在进行能量密度的计算中需要考虑到参与反应的氧气质量。预计锂空气电池的能量密度可达到700 （W·h）/kg，可达到与内燃机相当的续航里程。

近年来，国内外学者对锂空气电池的反应及性能进行了深入的研究，并取得了较多的研究成果。Wang Y 等[53]构筑了一种既能在碱性水电解液中催化还原氧气，又能通过超离子导体玻璃膜（LISICON）在非电解液中将金属锂结合在一起的锂空气电池。采用四氧化三锰为空气扩散电极，以金属锂为负极。放电实验表明，该锂空气电池有望实现对氧气的持续还原，从而实现与燃料电池相同的能量供应。Tan P 等[54]构建出了非水锂空气电池的传质和电化学反应控制方程，其中包含了固体放电产物的形成、锂离子和氧在多孔空气电极中的迁移、电极结构的演变、电极反应动力学等内容，对活性中心的分布、循环过程中副反应的影响、体积变化现象和电荷过程进行了研究。

1.2.4.3　问题和方向

1. 问题

当前，锂空气电池在实际运用的过程中存在实际能量密度低、放电容量低、循环稳定性差等方面的问题，怎样有效地提升锂空气电池的实际能量密度仍旧是当前的一大难题。尽管目前锂空气电池在开发新型催化剂、调整正极材料结构，以及电池的稳定性方面已有较大的进步，但是在正极的反应机理、放电产物的储存机理与调控等问题上仍然缺少一套完整的理论体系。当前研究的锂空气电池仍旧存在传质能力差、孔道的利用率低以及放电产物的存储空间有限等问题。放电产物容易将正极表面的孔道堵塞，进而使催化剂的利用率减小，阻止氧气扩散导致放电终止；另外，因为 ORR、OER 反应动力学缓慢，在小电流下过电势较大，从而影响电池的能量转化效率。此外，反应产生的超氧根离子与碳正极会发生反应进而形成副产物碳酸盐，促进非水溶液的分解，从而对非水系锂空气电池的稳定性以及可逆性造成严重的影响。改善空气正极的组成与构造，制备及设计多孔结构的稳定的空气正极，是解决非水系锂空气电池上述问题的一种重要方法[5]。

目前，锂空气电池的深充放电循环性能和锂枝晶等问题仍未得到有效解决，是制约其推广应用的重要因素。当前锂空气电池的研究重点包括：新型功能性空气正极的设计、稳定的电解液体系的开发、负极的防腐蚀以及催化反应机理的探索。

虽然在这几个方面都有了较大的进步，但是所能达到的真实的综合性能与实际应用之间仍有很大距离，要想实现其产业化的发展，还有很长的路要走[5]。

2. 方向

基于上述问题，非水系锂空气电池的发展可从以下 6 个方面着手：

第一，开发出具有高化学稳定性、高机械稳定性、高电催化活性，且不会导致电解液分解的双功能催化剂，如金属电极、金属氧化物、金属硫化物等非碳基类催化剂[55]。

第二，通过对产物形态和分布的调节，以及与正极催化剂的相互作用，对产物形成/分解进行调控，从而达到降低电池充放电过电势的目的。

第三，为了能够满足氧气传输、电解液浸润性、电子转移等多方面的需求，开发具有优异 ORR、OER 性能的新型电极结构或催化剂材料（如液态催化剂）[56]。

第四，优化电极结构和制备方法，然而，目前尚未对其制备方法以及结构等进行系统研究。因此，从正极材料的负载量、正极制备方法等方面着手，提升锂空气电池的实际应用价值。

第五，优化电解液和电极质量比。因为正极与电解液的接触面积对锂空气电池的性能有很大影响，目前研究人员们已经意识到，氧气的扩散通道在电池的性能提升中起着非常关键的作用，但是构建最佳的氧气扩散通道在当前仍旧没有最优的方法，所以，通过优化电极与电解液的质量比例，来扩大电解液、正极以及氧气之间的接触面，这对锂空气电池的商业应用具有非常重要的意义[57]。

第六，对锂空气电池中空气正极的运输、储存机理以及反应机理进行全面的研究，构建完善的体系，从而为电极结构、催化剂材料和制备工艺的选择性优化提供科学依据[58]。

1.2.5 海水激活电池

1.2.5.1 电化学原理

与电池的工作原理类似，海水电池由不同材料制成的阳极和阴极之间电位差产生电动势，如图1-15所示，电流的形成主要是通过电动势推动电解质中的离子进行定向移动，这里所运用的电解质是海水。

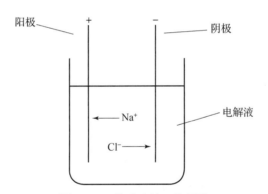

图1-15 海水电池工作原理

电解液是电池的关键组成，它的功能是确保离子在电极反应过程中有方向性的移动，从而产生持久的电流。电解质的形式多种多样，包括了固体、胶体和液体等，液体电解质主要有有机溶剂、水溶液、熔盐等，海水是一种盐溶液，它的组成主要是约3.5%的氯化钠，还有少量的Mg^{2+}、Ca^{2+}、SO_2^{2-}、HCO_3和少量的溶解气体等，因为它具有固定比例的离子，所以它的电导性是符合电池电解质的要求的[59]。

在水激活电池中，海水激活属于其中之一，水激活电池主要是利用淡水或海水进行激活，其电解液主要是以海水或以水作为溶剂，正极活性物质主要以海水或水及其中的空气组成，在需要电池激活时才会注入海水或水。

从这个意义上说，其可以分为三类：

（1）以海水为电解液的电池，如镁氯化银、镁氯化铜、镁氯化铅、镁二氧化铅和中型电解液铝空气电池等。

（2）以海水或水为溶剂的电池，如铝氧化银电池等。

（3）以海水或水为正极活性物质和溶剂的电池，如锂水、钠水电池等。

几种水激活电池的特征如表1-4所示。

表1-4　几种水激活电池的特征

电池体系	开路电位/V	工作电压/V	激活时间/s	工作时间/h	比能量/$(W \cdot h^{-1} \cdot kg^{-1})$	能量密度/$(W \cdot h \cdot L^{-1})$	电池结构
Mg - AgCl	1.6~1.7	1.1~1.5	<1	~100	100~150	180~300	浸没型，浸润型，自流型，控流型
Zn - AgCl		0.9~1.1		长期			浸润型
A - Ag$_2$O	2.36	1.4~1.6	3~4	180~220	450~500		控流型
Mg - Cu$_2$Cl$_2$	1.5~1.6	1.1~1.3	1~10	0.5~10	50~80	20~200	浸润型
Mg - PbCl$_2$	1.1~1.2	0.9~1.05	<1	1.0~20	50~80	50~120	浸没型

1.2.5.2　技术进展

镁氯化银海水电池由于其特殊的性能，在第二次世界大战期间受到人们极大的关注。贝尔电话实验室不久就开发出了镁氯化银海水激活电池，用来做电动鱼雷电源。后来，通用电器也参加了镁氯化银海水电池的研究，用于探空气球、浮标、海上救生设备、应急灯等方面。

低功耗金属腐蚀性海水电池是最早发展起来的一种低功耗海水电池，对于此类电池的研究主要目的是寻找成本低、结构合理、可以用于不同水深条件下的电池。通过对海水电池的研究发现，如果选择适当的电对，在与海水开放的条件下，可以提供大约1.0 V的电压，这些条件可以制备出小型探测元件。海水电池的负极为金属，依靠其在海水中的腐蚀溶解来产生放电电流，电池放电的维持时间长，成本和结构都可以被人们所接受，所以它具备了发展的价值[59]。

在对水中兵器电池的研究方面，半燃料电池备受关注。水中兵器的动力电源需要达到多方面的条件，其中燃料的加注、燃料的安全性、费效比以及对于其控制维护需要的时间等都需要考虑在内，而 Al/H$_2$O$_2$ 半燃料电池在这些方面具有优势。目前，美海军一艘长度 1.1 m 的无人水下航行器 Huginl 的能量来源已被证实为半燃料电池。挪威防卫研究机构主持的 UUV 漂浮式试验台，开展了一次海上测试，所得到的结果显示，在无人水下航行器动电源方面，Al/H$_2$O$_2$ 半燃料电池的应用有很高的可行性[60]。

在大功率动力电池的实际运用方面，鱼雷动力电池是最为成功的，为了进一步提升能量密度，现代鱼雷通常采用海水作为电解液，以降低其载重并大幅提升其能量密度。例如，当前的 Al/AgO 海水电池、Mg/AgCl 海水电池和 Mg/CuCl 海水电池已经得到实际运用，与海水电池不同，这些电池通常采用电极电位更低、更加活泼的金属材料作为阳极，电解液为循环流动海水，既能够防止电极表面极化，还可以减少电池反应的热量，进而控制电池的温度。

1.2.5.3　问题与方向

将海水本身的理化特性进行充分利用，从而可以实现对其灵活的、分布式的供电，这是一种利用了化学海洋能的供电设备，在未来具有广泛的应用前景，但是因为研究的时间还很短，所以其研究方向还需要进一步深化。依照在电池系统中海水的作用不同对其进行分类。目前，仅以海水为电解液的海水激活电池，亟须针对其不同应用领域，对其材料结构以及体系进行创新，以实现高功率密度以及高能量密度的发展。海水作为电解质，溶解氧作为正极反应活性物质的海水溶解氧电池，能够满足深远海长期供电需求，因此要加强对其功率特性的提升，与此同时，要对电极的结构问题给予足够的重视，从而发现更多的应用市场[61]。

1.2.6　其他金属燃料电池

1.2.6.1　钠空气电池

对钠空气电池的研究起步较晚，因为钠与锂有着类似的物理化学特性，一开始人们认为它们的工作机理是类似的。在对钠空气电池的研究中，人们逐渐认识到不同的放电产物生成机制的差异。以 Na$_2$O$_2$ 为放电产物的钠空气电池体系，其核心是 Na$_2$O$_2$ 的可逆生成与分解[62]。而放电产物 NaO$_2$ 以立方体的形式在电极表面进行沉积，电池同样具有可逆性，但是电池反应机理仍旧不清楚，需进一步确定放电产物与电解液之间的稳定性[63]。

1. 基于超氧化钠为放电产物的钠空气电池

虽然锂、钠的物理、化学性质相近，但与氧的电化学行为却存在较大差异。Na 能和 O 反应生成 NaO$_2$、Na$_2$O$_2$，Na$_2$O$_2$ 相对稳定，而 NaO$_2$ 则很不稳定。所以，分别以 NaO$_2$ 和

Na_2O_2 为放电产物的两种反应在 $Na-O_2$ 电池中是相互竞争的。尽管从热动力学方面考虑，电池充放电过程中，Na_2O_2 比 NaO_2 更容易成为中间放电的产物，但是与以双电子转移机制为基础形成 Na_2O_2 的过程相比，NaO_2 的电化学反应属于单电子转移反应，在动力学上更倾向于生成 NaO_2[64]。

HARTMANN 等最早对 $Na-O_2$ 电池（$Na+O_2\leftrightarrow NaO_2$）进行报道，这一化学反应的理论放电电压水平为 2.26 V。在对其进行充放电试验时，发现其首周的放电平台在 2.2 V 左右，且未发生过高极化电压的现象，首周的充电在 2.3 V 左右，显示了良好的可逆特性。但因为 NaO_2 的生成是不稳定的，而且不同的放电产物都被报道[64]。

1）测试气氛对超氧化钠放电产物形成的影响

$Na-O_2$ 电池的充放电过程受其试验环境的影响很大。以 HARTMANN 等[65]报道的以 NaO_2 为放电产物的实验为基础，在氧气量为 9 cm³ 的封闭环境中，电池进行充放电得到超氧化钠，发生的反应为 $Na+O_2\leftrightarrow NaO_2$（$\Delta G=218.4$ kJ/mol）。ZHAO 等[66]通过对试验气氛组成成分对电池电化学过程的影响进行了研究，结果表明，与高纯度氧气的试验环境相比，NaO_2 电池可以在封闭的 O_2/Ar 混合气体中更加稳定。在低氧分压的条件下，NaO_2 放电产物也更加容易获得，并且随着氧含量的降低，其放电产物也变得更稳定。

KANG 等[67]采用第一性原理对于 $Na-O$ 化合物与氧分压、温度和粒径之间的关系进行分析，结果显示，超氧化钠纳米级别和高氧分压条件下更容易稳定存在。另外，高氧分压下 NaO_2 与 Na_2O_2 发生转化，反应为 $Na_2O_2+O_2\leftrightarrow 2NaO_2$，因此更加容易产生 NaO_2 的产物，这与密闭氧气氛条件中的实验结果不符。因此，对于 NaO_2 放电产物的形成机理，需要进行更多的研究。

2）电解液对超氧化钠放电产物形成的影响

$Na-O_2$ 电池空气电极的电化学反应过程涉及气－液－固三相复杂体系，而且在高活性氧环境下，电解液很容易被分解，因而电解液对于电池的电化学稳定性有很大影响。基于超氧化合物的锂/钠空气电池以 NaO_2 和 LiO_2 等为放电产物的电解液体系为醚类。

由于超氧化钠电池进行电化学循环测试是在封闭环境中开展的，因此，对于电解质的挥发可以忽略。除此之外，因为 NaO_2 电池的充电电压很低，能够有效地防止电解液的分解，从而显著地改善了电池的可逆性能，然而，当前报道的 NaO_2 电池并未显示出非常稳定的长循环性能[68,69]。

YANG[70]采用准粒子 GW 方法以及密度泛函法对 NaO_2 和 Na_2O_2 的反应电化学机理以及导电性进行分析。研究发现，无论是 NaO_2 还是 Na_2O，它们的电子导电性都比较低。

NaO_2 电池具有较高的能量效率，这应该与电解液的分解有关。

总之，尽管醚类电解液在锂/钠空气电池体系中具有良好的稳定性，但醚类电解液的长循环稳定性以及与超氧阴离子的相容性等方面仍需深入探索，因此，开发新型稳定的电解液体系仍是亟待解决的问题。

3）电极材料对超氧化钠放电产物形成的影响

金属燃料电池的电极材料是影响其放电中间产物生成的关键因素。LU 等[71]发现，通过适当的正极材料（用铱纳米颗粒装点的还原氧化石墨烯），LiO_2 晶体可以在 $Li - O_2$ 电池中被稳定，电极材料的选择对超氧化钠的稳定存在有较大的影响。

BENDER 等[72]系统研究了电池空气电极选择不同碳材料时，对电池电化学过程存在哪些影响，尽管基于不同碳材料的 $Na - O_2$ 电池的容量和充放电电压平台有一定的差异，但是不会显著地影响到超氧化钠放电产物的稳定形成。

在 NaO_2 电池中，碳材料被广泛应用于锂离子电池。然而，迄今尚未见 $Na - O_2$ 电池的正极材料采用贵金属以及金属氧化物等非碳材料制备的报道。所以，不同的电极材料如何稳定地生成 NaO_2 还需要进行深入的研究。

2. 基于其他放电产物的钠空气电池

以 NaO_2 为放电产物的 $Na - O_2$ 电池，因其低过电势、能量转化效率高而备受关注，但因为对其形成机理仍未深入分析，加上稳定性较差[73]，因此大部分研究者将研究的重点放在了 Na_2O_2、$NaOH$ 和 Na_2CO_3 等其他放电产物上。而且以非 NaO_2 为放电产物的 $Na - O_2$ 电池表现出与 $Li - O_2$ 电池相似的电化学特征。

SUN 等以 1 mol/L $NaPF_6$/EC - DMC 为电解液，类金刚石为正极首次证实了室温钠空气电池的可逆性，且其电化学特征与锂空气电池类似，即发生反应：$2Na + O_2 \Longleftrightarrow Na_2O_2$ $[\Delta G(-449.6 \text{ kJ/mol}) = nEF]$。电池在运行过程中可逆地生成 Na_2O_2，根据法拉第定律，电池的理论放电电压约为 2.33 V，实验中首周放电电压在 2.3 V 左右，当电池处于深度充放电状态时，其能量利用率偏低，充电电压偏高，循环性能不足。当前，人们在催化剂、电解质、空气电极等方面进行了大量的研究。

当前，人们对钠空气电池正极材料的研究主要集中在金属催化剂、金属氧化物催化剂、碳材料等方面。碳纳米管、石墨烯、介孔碳等碳材料因其导电性好、易被改性等特点在空气电池中应用较多。金属化合物对于电池性能的改善主要是通过调控材料的微结构来实现的。Sun Q 等[74]选择采用改性后的碳纳米管来当作钠空气电池的空气正极，电池展现出良好的可逆性，由于碳纳米管自身具有中空管状结构，能够为气 - 液 - 固三相的接触、离子运输以及气体运输提供良好的条件，氮掺杂的碳纳米管活性位点可以提高其电催化性能，但是在降低充电极化电压方面并没有太大的作用。Zhang S 等对石墨烯复合铂对钠空气电池性能的影响进行了研究，结果表明，该催化剂可以较好地提高电池的性能，但是在充电时电压极化较大的现象并没有得到显著改善，但是，铂在非水系的锂空气电池中能够有效地降低电池充电电压，这种现象说明了在钠空气电池中，铂的催化机理与锂空气电池不同。

在锂空气电池中，碳材料很容易与电化学产物产生副反应，但是目前还没有关于碳材料在钠空气电池中的不稳定现象。而钠电池由于其原料成本低廉、来源广泛、安全可靠等优点，被认为是电力储能系统的理想选择。

二次钠空气电池具有资源丰富、理论比能量高、成本低等优势，近年来在国际上备受关注，发展迅速。然而，由于 $Na-O_2$ 电池的研究刚刚起步，人们对于它的工作机理仍然存在着争议。

如何改善钠空气电池循环时长，是目前钠空气电池亟待解决的问题。这是因为在放电时，会有放电产物 Na_2O_2/NaO_2 沉积在空气电极的孔道中，从而造成传质通道的堵塞，导致氧气、正极与电解液之间电子转移受到阻碍，为了确保快速的传质通道和产物存储空间，在氧电极材料的选择中大多采用多孔结构，以确保放电产物高效、可逆地生成/分解。$Na-O_2$ 电池以 NaO_2 为放电产物，具有过电势低、能量利用率高的优点，但其稳定性及电解液稳定性尚不明确，对非碳材料的空气电极系统的研究尚属空白。$Na-O_2$ 电池以 Na_2O_2 为放电产物，具有与 $Li-O_2$ 电池类似的电化学特性，但仍面临着循环寿命短、极化电压过高等问题，而发展高效的电解液添加剂以及催化剂是当前解决此问题的重要途径。

虽然当前钠空气电池仍面临着许多挑战，但由于钠资源的低成本特点以及超氧化钠放电产物的发现，使其与其他金属燃料电池相比，具有显著的优越性。然而，由于其电化学过程的特殊性，以及气-液-固三相系统的复杂性，使其在实际应用中面临着许多挑战，因而对这些规律的深入探索要面临巨大挑战，且因为钠和锂有相似的理化性质，起初认为两者工作机理相似，但现研究难点在于提升电池的循环寿命[54]。

1.2.6.2 钾空气电池

与传统的锌空气电池、锂空气电池以及其他燃料电池相比，钾空气电池通过简单的单电子过程进行电流的供给，不用采用价格昂贵的电催化剂，因此其具备廉价、易形成固体电解质界面、高能量密度、绿色环保的优点。

与锂空气电池相比，钾空气电池在放电过程中，因 K^+ 之间的空间斥力，更容易产生 KO_2，且其放电产物只有 KO_2；充电过程中 KO_2 分解为 K^+ 和 O_2，整个电极反应通过单电

子氧化还原电对 O_2/O_2^- 实现，在合适的电流密度下电压低于 50 mV。与碳酸盐类电解液相比，聚乙烯醚类电解液在 O_2^- 存在的条件下更稳定，乙二醇二甲醚（DME）比长链醚类与钾有更好的兼容性。

钾空气电池面临的最关键问题是在氧存在下，钾负极的可逆性差，直接将金属钾用作负极会产生钾枝晶而引发电池安全问题，可通过变换电解液对固态电解质界面的组成和钾沉积形态进行调控[5]。除钝化钾电极外，发展新型固态电解液及氧隔膜也将有助于提高钾负极的稳定性。在此基础上，通过对助溶剂、电极材料、添加剂的设计，提高钾空气电池中氧的溶解与传输能力，从而提高钾空气电池的综合性能。

通过简单的单电子过程，钾空气电池能够实现电流的供给，不用采用价格较高的电催化剂，是一种廉价、易形成固体电解质界面、高能量密度、绿色环保的新型锂离子电池，具有广阔的应用前景。

1.2.6.3　铁空气电池

在铁空气电池中，阳极为金属铁，一般采用的是活性铁粉而非块状铁，负极为空气电极。为了提高阳极铁粉的活性，一般会采用添加氧化物或其他元素的方式，增强铁电极的放电容量[75]。作为金属燃料电池的一种，铁空气电池既具有金属燃料电池高比能量，又具有安全性好、放电稳定、成本低等优点，而且其阳极材料储量丰富，无毒无害，放电电压和比能量密度都较低，开发使用成本较低。

目前铁空气电池的电化学原理还没有定论，大多数研究者认可的铁空气电池电化学原理如图 1 – 16 所示。

铁空气电池放电时电化学反应如下：

$$Fe + \frac{1}{2}O_2 + H_2O = Fe(OH)_2 \tag{1-57}$$

这个反应的逆反应在充电时发生。铁空气电池的开路电压约为 1.28 V，铁空气电池的理论能量密度为 764 （W·h）/kg。

在放电过程中，铁在负极上被氧化成 $Fe(OH)_2$，O_2 在正极上还原形成 OH^-。这些反应的逆反应在充电时产生。放电时电极反应如下：

阴极：$O_2 + 2H_2O + 4e^- \longrightarrow 4OH^-$ $\tag{1-58}$

阳极：$Fe + 2OH^- \longrightarrow Fe(OH)_2 + 2e^-$ $\tag{1-59}$

铁电极进一步放电会失去更多的电子，从而形成水合氧化铁或者是磁性 Fe_3O_4，反应如下：

阳极：$Fe(OH)_2 + OH^- \longrightarrow FeOOH + H_2O + e^-$ $\tag{1-60}$

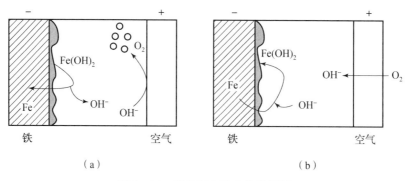

图1-16 铁空气电池电化学原理

(a) 充电；(b) 放电

后者阳极反应在动力学上要比前者难进行，因此在放电过程中更倾向于产生 $Fe(OH)_2$。

电解质、空气阴极以及铁阳极构成了铁空气电池，铁阳极主要是氧化铁或者是金属铁，空气阴极是铁空气电池的核心组成部分，在电池充放电时能够提供氧析出和氧还原（OER/ORR）的反应场所。在铁空气电池中，一般会使用 KOH 等碱性溶液作为电解质，这是由于碱性溶液一般有很好的离子导电性，而且对铁阳极的腐蚀也比较小[76]。

铁空气电池其理论比能量高达 764 (W·h)/kg，成本却只有 $100/(kW·h)。与其他金属燃料电池相比，其储量较多，无毒无害，环境友好，比能量密度低，研发与使用成本高，是一种极具发展潜力的新能源。与其他金属燃料电池比较，铁空气电池有以下优点：

（1）与镁空气电池相比，铁空气电池的寿命更长，阳极稳定性好，而镁阳极在充放电过程中腐蚀严重，会出现析氢现象。

（2）同铝空气电池比较，铁空气电池不需要对阳极材料进行过度保护，这主要是因为在充放电时铝阳极的胶状的 $Al(OH)_3$ 会导致严重的极化现象。

（3）与锌空气电池比较，铁阳极不会像锌电极一样在充放电时形成铁枝晶，当枝晶达到一定值时，将引起电池的短路，从而使电池的性能下降。

（4）相对于锂空气电池而言，铁空气电池具有更高的稳定性和安全性，并且易于保存。因为锂的化学性质是活泼的，所以锂空气电池的自放电现象以及自腐蚀非常显著，会出现发生热失控而引起爆炸的现象[76]。

然而，关于铁空气电池的相关研究还很少。铁空气电池在高倍率放电时，由于电极表面钝化，在充放电时会发生剧烈的析氢反应，会消耗电池大约一半的能量，导致电池的法拉第电流效率大幅下降，这是制约铁空气电池发展的关键。可以将铁电极设计为高效多孔结构，来减少在充放电时的析氢量，并开发出一种具有良好双功能的气体扩散电极，从而达到减少电解液泄漏、减少欧姆损耗、便于产气和排气的目的。通过添加微量 Bi_2S_3，在保证其环境友好的前提下，可有效减少因析氢引起的能量损失。

熔盐铁空气电池是一种清洁、高理论容量的新型电池，可满足电网储能以及动力电池的发展要求，应用前景广阔。但迄今为止，熔盐铁空气电池仍处在起步阶段，存在着电压效率低、库伦效率低、阴极腐蚀严重、电极极化严重、放电电压低等问题。

熔盐铁空气电池由于其理论能量密度高、成本低廉、无污染等优点，在电力系统中有着广阔的应用前景，然而，对于熔盐铁空气电池而言，其开发还处在起步阶段，如何实现高效、稳定和长时间的充放电，仍然是一个巨大的难题[76]。

1.3　金属燃料电池特点

目前，世界上的能量供应越来越少，寻找新的能量来源已成为一个重要课题。作为一种新型的高效、清洁能源利用技术，燃料电池是目前国际上能源研究的热点。燃料电池因其可快速启动、高能量转换效率、环保等优势，已被认为是未来能源发展的方向之一。但是，由于氢的产生、传输、储存，以及电池稳定性差，结构复杂，成本高等因素，限制了燃料电池技术的发展。与此形成对比的是，锂、锌、铝、镁等轻元素具有储量丰富、低能耗、环境兼容性好等优势，可用作金属燃料电池的原材料。因此，金属燃料电池被称为是"面向 21 世纪的绿色能源"。在化学储能设备中，金属燃料电池被认为是介于原电池和燃料电池之间的一种半燃料电池，既是高效、清洁的能源转换装置又是储存装置，其化学能与电能之间的转化是通过金属负极与空气正极之间的电化学反应来实现的，金属燃料电池与燃料电池相比，在催化剂方面要求较低，其发展对我国及地方能源、交通、信息和国防等领域的高速发展和构建现代能源产业体系及相关新兴产业的形成与发展具有重大战略意义，因此金属燃料电池吸引了各行各业越来越多的研究兴趣，有望实现大规模开发和应用。

各行各业对金属燃料电池研究最多的包括以下几方面：

1.3.1　能量密度

与其他常见的电池如锂离子电池、可再充铅酸电池、锌－二氧化锰电池、镍－金属混合电池相比，金属燃料电池无须储存氧，负极金属原子核与价电子比率高，可获得高理论比能量密度，其中锌空气电池可达到 1 086（W·h）/kg，锂空气电池可达到 3 500（W·h）/kg，能量密度高于现有锂离子电池的 2 ~ 10 倍。从理论能量密度来看，在当前现行的汽油引擎系统以及电动推进方面，金属燃料电池和燃料电池能够与之进行比较。理论能量密度铝为 8 100 （W·h）/kg、锌为 1 100 （W·h）/kg、镁为 6 800 （W·h）/kg。如表 1 - 5 所示为五种蓄电池性能与金属燃料电池对比。

表 1 - 5　五种蓄电池性能与金属燃料电池对比

特性		电池类型					
		铝空	铅酸	镉镍	氢镍	锂离子	钠硫
正极		AIR	PbO_2	NiOOH	NiOOH	$LiNiO_2$	S
负极		Al	Pb	Cd	MH	LiC_6	Na
工作电压/V		1.5	2.0	1.2	1.2	3.6	1.6
比能 /（W·h·kg^{-1}）	理论	2 290	170	214	275	444	780
	实际	320 ~ 400	30 ~ 45	40 ~ 60	70 ~ 80	150 ~ 250	130 ~ 176

从表 1 - 5 可以看出，铝空气电池实际达到的比能高于锂离子电池，并且大约是铅酸蓄电池的 8 ~ 10 倍，镍氢电池的 4 倍。如果将熔炼铝的能耗以及制氢的能耗计算在内，金属燃料电池的总能量效率达到了 64%，而燃料电池只达到 50% 左右。例如镁空气电池理论比能量为 6 800 （W·h）/kg，尽管目前样机实际比能量只达到 300 （W·h）/kg 左右，不及它理论值的 5%。但就是这 5% 不到的比能量是铅酸电池的 7 ~ 8 倍、镍氢电池的 5.8 倍、锂电池的 2.3 倍，相当于 2 kg 柴油的驱动能量。其中，锌空气电池由于具有高的比能量密度，成为最有希望的新能源电池，其理论能量密度为 1 086 （W·h）/kg，大约是目前锂离子电池的 5 倍。

1.3.2　安全性能

金属燃料电池相对于燃料电池，对正、负电极以及催化剂的要求相对较少，其电解液为水溶液，燃料电池中的氢燃料以金属替代，所以不存在爆炸的危险，因此相对安全。此外，铝空气电池不管是制作过程还是原料，均是无环境污染的，$Al(OH)_3$ 作为其反应产物还可用于造纸、牙膏磨料以及处理污水等，从生产到回收炼铝的全过程都是一个绿色的封闭循环[77]，对人体以及环境都十分安全，这是任何蓄电池都无法比拟的。

1.3.3　隐蔽性能

普通电源隐蔽在草丛及树林中时在使用过程中易升温，温度及红外辐射都远大于草木的温度及红外辐射，因此很容易被自动识别出来，而金属燃料电池具有低的热辐射特性，不易被红外热成像仪器检测到，具有较高的隐蔽性。

且金属燃料电池通过空气电极的自呼吸获取氧，属于无动设备，在野外等需要很强隐蔽性的环境下，金属燃料电池不会在使用或保存过程中振动和发出噪声，能更好地方便操作人员作业。

1.3.4　免维护性

金属燃料电池的免维护性主要体现在其可以当做水下电源或者便捷式的移动小型电源使用，这是由于其使用的是海水电解质和固定电解质。金属燃料电池在其电消耗完之后可以直接插进金属板中来获得电能，不需要额外携带别的充电设备。金属燃料电池可以在短短几分钟更换金属板或金属粒，"充电"过程迅速完成，普通蓄电池需要 $8 \sim 10$ h 才能充满。金属燃料电池属于更换式电池，可以自动添加金属颗粒，更换电解质，此过程仅需几分钟；电解液不循环的金属燃料电池在进行使用时，在极板上会粘附金属电极所产生的氧化物，而且会变得越来越厚，使金属电极与电解质无法进行接触，造成输出的电流变得更小，电压变得更低，金属更换式电池使用的是可循环电解液，它的电解液具有流动性，能够对金属电极的表面进行不断冲洗，减少反应产物的堆积，从而减轻了发热、膨胀的现象，使金属电极表面始终处于最好的电化学状态[77]，输出电流、电压平稳，且极大地缩短电池更换金属板或金属粒的"充电"时间，使其更方便快捷。

普通电池满电长期存放会导致自放电率低下，增加安全隐患，加速电池老化，容易漏液，液体中含有汞、镉、锰、铅等重金属，泄漏到自然界可引起土壤和水源污染，对人造成危害；而金属燃料电池在不加入电解液时，基本不放电，便于长时间储备电能，搁置性能优良。

另外，与氢燃料相比，金属电极的价格更便宜，体积更小，储存和运输更加便利，成本也更加低廉，其成本仅为 160 \$/(kW·h)，比锂离子电池低 $25\% \sim 50\%$。

然而，目前金属燃料电池仍面临着电极稳定性差、反应动力学及传质动力学缓慢，倍率性能差，比容量低，循环寿命短等问题。

第2章 金属燃料电池发展与应用

2.1 金属燃料电池发展历程

2.1.1 探索应用时期

伏特在 1796 年发明了第一个电池[77]，他把铜片和锌片分别用来做阴极材料和阳极材料浸入到酸性溶液中，形成电池。从那以后，锌基电池的开发就一直停滞不前。1868 年，Mallory 提出碱性电池以及勒克兰奇[78]发明了第一个金属燃料电池，都成为锌基电池获得重大发展的里程碑[79]。锌基电池经过漫长的发展，最终演变成我们现在所用的锌基电池。

时至今日，大部分电池的负电极仍是锌。1878 年，锌空气电池被制造出来，其以氢氧化钾水溶液作为电解质，以银丝作为空气电极，锌棒作为金属阳极，并且隔离层使用的是多孔陶瓷[80]。后来，Walker 提出了一种以氢氧化钾为电解质，以镍、炭黑为多孔电极的简易气体扩散电极来构建成 Walker - Wilkins 电池[81]。在研究中人们发现空气中的氧是这类空气电池的主要反应物质，同时也加深了人们对其高化学活性、高比表面的认知。而海斯（Heise）和舒马赫（Schudmacher）于 1932 年在之前的基础上发展并改进了金属燃料电池。

20 世纪 30 年代以来，由于对气体扩散电极研究的进一步完善，使初级锌空气电池在商业生产中得以运用，在 20 世纪 70 年代已用于助听器。1860 年左右，美国通用电气公司（GE）曾研究过一种中性盐镁空气电池[82]。近年来，随着科技的发展、国防和海洋资源的开发，高性能镁空气电池已成为当前国内研究的一个热门课题，并有了长足的发展。镁空气电池采用的中性盐电解液，不存在对人体有害的腐蚀性碱性溶液，因此广泛用于可移动电子装置电源。以中性盐和海水为电解液的过氧化氢燃料电池，具有环境友好、质量小、价格低廉等特点，可作为无人水下运行器低功耗、长寿命的高能量电源。美国海军海底战事中心（Naval Undersea Warfare Center）与麻省大学达特茅斯分校（University of Massachusetts Dartmouth）以及 BAE Systems 公司共同研制成功了镁 - 过氧化氢燃料电池系统，主要用于自主式潜航器[83]，其以海水作为电解液，阳极材料采用的是镁合金，阴极氧化剂采用的是液态过氧化氢。这种新型的电池具有低成本、高能动力、高安全性等优点，是一种非常适合于低速、长寿命自主式潜航器的驱动能源。

2.1.2　迅速发展时期

20 世纪 40—80 年代，国外对于镁海水激活电池开展了广泛的研究。当时由美国 Bell Telephone Laboratories 研制开发的 Mg - AgCl 海水激活电池，作为最早的一种水下大型装置的推动电源被使用，可以应用在军事领域和深海大功率推动设备中。由克利夫兰 Willard Storage Battery 公司的 Pucker 等人发明并制造的 Mg - CuCl 海水激活电池，主要用于一些小型的海上探测设备电源。与此同时，关于镁合金负极材料的研究和试验也在国外进行了广泛的开展。英国 Magnesium Elektron 公司生产的 AP65、MTA75 镁合金具有成泥少、低析氢量、高电位的特征，阳极利用率 84.6%，析氢速率为 0.15 mL/（min·cm²），开路电位为 -1.803 V（相对 SCE），它们代表了当今水下推进启用海水激活电池镁合金负极材料领域的先进水平[84]。

NASA 在 1968 年就开始了针对铁空气电池的研究，他们制作的铁空气电池只能实现不到 200 个充放电循环，寿命较短，能量密度低，仅仅只有 132～154（W·h）/kg。NASA 指出，虽然在充放电过程中该电池没有出现像锌空气电池产生金属枝晶的现象，但是该电池会出现析氢现象，并面临着电解质流失以及自放电等问题。

然而随着 20 世纪 70 年代石油危机的爆发以及人们对电动汽车的憧憬，越来越多的国际大公司依然对铁空气电池存在着浓厚的兴趣，如日本松下、德国西门子等公司，他们都进行了铁空气电池的研究开发。随后，瑞典发展公司也研发出了其首代铁空气电池，其实际能量密度可达 80（W·h）/kg，可长达 1 000 次充放电循环，电池的整体性能良好。

锌空气电池起源于 20 世纪 70 年代，由于在地球上锌的含量很高，且锌电极价格低廉，蓄积量大，其在碱性溶液中可以耐腐蚀，因此往往采用含水电解质。目前，锌空气电池已被广泛应用于铁道信号、地震仪、航行浮标、电动车及电力系统等诸多方面。然而，锌空气电池中锌的沉积不均一，尤其是在空气电极中析氧反应以及氧化还原反应等速度较慢，成为制约该电池发展的瓶颈。

1975 年左右，金属燃料电池技术获得较大的进步，尤其是锌空气电池进行了初步应用。那时候，美国能源部（DOE）投入数百万美金，以资助劳伦斯 - 利佛莫国家实验室（LLNL）开发一种用来取代内燃发动机的金属燃料电池。尽管在 1975—2000 年间，对锌空气电池进行了大量研究，但是对其他金属燃料电池的研究也在同时开展当中。

1990 年左右，Westinghouse 公司开发出了用于海洋的圆形海水电解质镁空气燃料电池[85]。1996 年，意大利和挪威合作研制出一种新型镁燃料电池，并将其用于深海中油气井的检测。这种海水电池的阳极采用的是商业化的镁合金，以海水作为电解液，以在海水中的氧气作为氧化剂，用碳纤维制成阴极。该电池系统的结构是一种开放式的，由 6 块 2 m 高的海水电池组成，装在一种耐高压、耐腐蚀的不锈钢外壳内，可产生 650 kW·h 的能量，该系统的设计寿命是 15 年[86]。

加拿 Greenvolt Power 公司（OP）研发的 100 W、300 W Mg - Hydrogen& OP（MASWFC）比铅酸电池提高了 20 多倍，可以为电视、照明灯、笔记本电脑、手机、全球定位系统等多种电子产品提供电能。加拿大 Magpower Systems 公司开发出一种可持续发电 300 W 的卤素电解质镁空气燃料电池，已被成功用于边远地区净水设备的抽水装置[87]。

加拿大研制的 100 W 和 300 W 级镁/盐水/空气燃料电池（MASWFC），相对于铅酸蓄电池能量高出 20 倍以上，能够给便携电脑、照明灯、手机及 GPS、电视等供电。加拿大 Magpower Systems 公司针对盐水电解质镁空气燃料电池进行研发，该电池能够连续提供 300 W 功率，在边远地区的净水系统中得到成功应用[88]。

目前，我国对镁空气电池的研究还处于起步阶段，国内相关科研单位还不多。与国外比较，国内对这一问题的研究仍有很大差距，也没有建立起一套比较完善的研究体系。中国对于镁燃料电池的运用主要是在军事领域，尤其是在军用水面和水下推进系统中，铝、镁系列的水激活电池提供了主要的动力，可以成功地推进高速运行的鱼雷、舰船和水下器械，成为军事应用领域的一类重要的动力电池。中南大学早在 20 世纪 90 年代就开展了水激活电池的铝、镁负极材料的研究工作，尤其是材料科学与工程学院，长期从事金属燃料电池材料及相关电化学性能研究[89]。在前期的科研工作中，已经将镁/铝空气电池材料、镁合金/铝合金水激活电池材料应用在军用产品上，并且对这些电池材料的放电性能给予了充分的研究和提升。针对镁/铝空气电池放电性能的研究开发工作，通过军方的材料产品验收，建立有针对镁/铝空气电池负极材料研制和生产的国军标质量体系认证，可以提供质量稳定的产品给军方进行使用。相关技术水平达到国际先进，国内领先水平。

1984 年，Westinghouse 公司设计了另一款铁空气电池，这种空气电池具有很高的能量密度和比能量，但循环寿命较短，仅能运行 500 个循环。Narayan 等人设计的空气电池却可以达到较长循环寿命，可达到 2 000 个循环。但是，到 1984 年左右，因为在关键性技术上没有取得突破，金属空气二次电池技术开展缓慢，水准低下，DOE 和其他几家实验室也就失去了继续投入的兴趣。全球对此电池的科研工作也纷纷陷入低迷状态。20 世纪 90 年代以后，随着锂离子电池的出现，铁空气电池也就被淘汰了。Abraham 与 Jiang 于 1996 年首次提出了可充电的锂空气电池。20 世纪后期，随着锂离子电池技术的迅速发展，人们对锌空气电池的兴趣逐渐淡去。近年来，由于锂空气电池在安全性、成本和能量密度等方面的不足，人们对锌空气电池重新关注起来，诸如 EOS 储能、Fluidic 能源、ZincNyx 能源的许多公司参与相关研究，并开展了很多相关工作[90]。然而，目前可充式锌空气电池在储存以及能源转化方面的研究还处于初级阶段。因此，发展具有良好电化学性能的可充电式锌空气电池是当前柔性和可穿戴电子设备领域的热点课题。

2.1.3　性能提升时期

对锂空气电池的研究并没有停止，之后 Bruce 的研究组于 2006 年对锂空气电池进行了进一步研究，结果显示锂空气电池在 70 mA/g 的充放电 50 次后，仍能达到 600 mA/g 的电量，具有很好的循环稳定性。

2011 年，Peled 等[91]提出了用液态熔融钠来取代金属锂作为阳极，从而得到了在 105～110 ℃之间可以正常运行的钠空气电池。从理论上讲，锂空气电池具有比钠空气电池更高的能量密度。但是，与锂相比，钠和氧生成物更稳定，这使钠空气电池的反应可逆性得到提升。

而韩国在电动车上所运用的镁空气电池方面也取得了很大进展，2013 年 1 月，韩国科学研究院的试验表明，采用镁空气电池的电动汽车可以跑 800 多公里，比现有电池动力汽车的平均跑程提高了 4 倍。

南加利福尼亚大学从 2014 年开始，就启动了可充式铁空气电池研究计划，以及欧洲 FP7 基金 "NECOBAUT" 探索可充式铁空气电池的研究项目开展。日本藤仓橡胶公司还研发了一种名为 "WattSatt" 的应急用镁（Mg）空气电池，参加了第七届东京国际二次电池展。这是一块 300 W·h 的一次电池，在注入盐水时可以产生电能，可以给 30 个 2 000 mA·h 智能手机充电。这一电池的外形大小为 233 mm^3×226 mm^3×226 mm^3，在注水前的质量大约为 1.6 kg，价格为 2 万~3 万日元。另外，在展台上，公司还展出了一种小型镁空气电池的提灯，既可以在工地上使用，也可以在家里使用。这款手机拥有 5 节

1.5 V 的电池，450 W·h 的电池容量，略高于 WattSatt。根据《日本经济新闻》的消息，目前日本正在进行一项镁空气电池的研发，其中就有日本东北大学、尼康公司、古河电池等机构。在这项研究中，古河电池计划在年内制造出发电量达到 300 W 的应急电源，用来给移动电话等设备充电，并力争在五年内研制出一种可供家用的 3 kW 左右的电源，十年内研制出一种 1 000 kW 规模的小型发电站使用的发电系统。据介绍，该电池的优点是电池能量密度可达质量相等的锂电池的 10 倍。

近年来，金属空气二次电池技术得到进一步发展。AluminumPower 与 Voltek 共同研发的可替换电池，在一些重要技术上取得巨大进步。其中，钙钛矿氧化物、钴氧化物、尖晶石氧化物等 Co 基催化剂因其优异的电催化性能，特别是在金属燃料电池中表现出优异的氧还原和氧析出性能，引起了世界范围内的广泛关注。

我国近几年则在大力发展镁金属燃料电池的研究及应用，主要研究机构是宁波材料所、苏州讴德、四川德阳东深、云铝创能以及中南大学。其中宁波材料所动力锂电池工程实验室成功研制出 1 000 W·h 镁空气电池样机。苏州讴德新能源发展有限公司已经研制出小型救灾用发电机。四川德阳东深新能源科技有限公司已经研制出"高比能量便携式金属燃料电池""金属燃料电池发电舱""移动电站"等产品。但受限于我国现阶段镁金属燃料电池的研究水平，其产品还不能与国外公司相比，其研究及应用有待进一步的开展与深入，在军方的应用上还非常有限。

2.2　金属燃料电池的应用

2.2.1　民用领域

金属燃料电池可以作为电动汽车、叉车、电动摩托车、电动自行车、剪草机等动力设备的电源，其已经打入中小规模移动电源市场中。在这些设备中，电动汽车的发展获得人们的关注。这是因为电动汽车不但可以以电为动力，还可以降低世界石油枯竭的矛盾，同时它也是一种零污染、零排放的绿色交通工具。金属燃料电池以其优异的性价比成为目前世界上最受关注的电池之一。在我国，电动车用金属燃料电池的研究也有了进步[92]。

锌空气电池已被广泛用于便携装备、医疗设备，河流航标灯，航空航天，电车和其他工业领域。Eontech 公司、加拿大的铝能源公司（Aluminum power Inc）以及多伦多大学结成了一个同盟，他们将开发一种小型便携式金属燃料电池，用于小型装置市场，如膝上电脑、蜂窝手机、游戏机等。Trimol 集团研发的便携式计算机用铝空气电池，可持续工作时长达到 12~24 h，生产的铝空气电池手机（见图 2-1）呼叫累积时间 24 h，待机时间为30 天，而目前使用的锂离子电池的持续工作时长仅为 0.5~1 h。国内小型便携式电子装置用电池的研制也有所进展[93]。

图 2-1　铝空气电池手机

2.2.2　军用领域

加拿大的铝能源公司、美国海军水下武器研究中心[92]以及挪威防务学院[91]、从 1980年以来一直在探讨在 AIP 潜艇以及 UUV（无线潜水艇）使用金属燃料电池的可能性。他们经过相关分析，如表 2-1 所示，得出一个结论：金属燃料电池与燃料电池具有相似的性能，并且具有比任何蓄电池更高的能量密度，比其他方案更好。例如，Al/H_2O_2 的续航力约为 Zn/AgO 的 1 倍。

表 2-1　四种 UUV 用电源性能比较

电池类型	电池比能/(W·h·kg^{-1})	在随意漂浮态下的比能/(W·h·kg^{-1})	电池能量/(kW·h)
Zn/AgO	90	47	14
新型锂离子	120	75	22
Al/H$_2$O$_2$	101	83	25
燃料电池	130	—	32
Zn/AgO	90	47	14

金属燃料电池相对于燃料电池也有自身的优势，例如不会留下任何痕迹，电极便于携带，也更安全，可以在码头上迅速替换电极，而不需要进入船坞。若用海水作电解质，也可在耐压外壳之外使用。当然金属燃料电池是最晚提出的 AIP 方案，所以它的发展速度并不快，还有很多工作要做。

特别是金属燃料电池具有能量密度大的突出优点，因此，金属燃料电池用作单兵电源，可大幅减少电池的质量和体积，便于单兵携带，在军事领域具有广阔的应用前景。

2.3 金属燃料电池发展展望

2.3.1 金属燃料电池存在问题

在金属负极中：

（1）金属负极形成枝晶，形状发生改变，钝化和内电阻增加。如图 2 - 2 所示为限制锌电极性能的主要原因示意图。

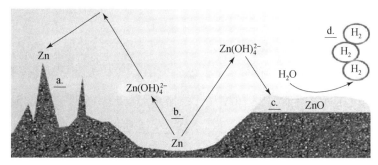

图 2 - 2 限制锌电极性能的主要原因示意图

枝晶是在一定的环境中，通过电解沉积而产生的尖锐的针形金属突触。在蓄电池中，可能在充电期间形成枝晶，并从电极掉落（造成容量损失），甚至可以穿透隔膜，并引起短路[95]。结果表明，由于电沉积受浓度的影响，金属氢氧根离子浓度随着与金属电极表面距离的增加而增加。在此条件下，金属氢氧根在异质结构位选择性的沉积，这些位置具有很大的浓度梯度。在连续沉积过程中，沉积物生长越过扩散限制区域的边界，使枝晶在完全活化控制状态下迅速生长。

在电解液中，金属的还原过电势是影响枝晶形成的重要因素。例如，Diggle 等[94]发现在还原过电势较低时，电沉积趋向于产生外延生长的、圆石或海绵状形态。另一个与金属电极失效相关的问题是电极形状改变。金属燃料电池及其他电池在放电时，金属电极的金属会溶于电解液，而在充电时，金属会沉淀于金属电极的其他位置；在经过几次充放电后，存在着电极可用容量的损失以及金属分布的不均匀性。一般而言，无论是机械性研究还是模拟性研究，都把形状的改变归结为在金属电极上反应区不均匀、不均匀的电流分布以及在电池中的对流现象[95]。

常规的氢氧化钾电解液因其自身性质而导致上述问题更加严重，目前该电解液已被广泛应用于碱性金属基电池，其中高浓度的氢氧化钾溶液是为了获得最高的电导率。并且金属的氧化还原动力学很大，而放电产物（金属氧化物）的溶解度随浓度增加而增加。所以，在实际应用中，以上因素所引起的不均匀性会引起金属迁移、溶解以及再沉积。

"钝化"是指由于在电极表面生成绝缘膜，从而阻止了放电产物及氢氧根离子的迁移，从而使电极无法再进行充电。金属电极在放电过程中，由于放电产物的溶解，其表面产生了大量的金属氧化物；当新生成的金属氢氧根离子等放电产物超过溶解性极限时，会将剩余的孔隙体积填满，金属氧化物析出，使孔尺寸变小，从而引起钝化[96]。这就解释了为何可充电金属电极一般要求具有 $60\% \sim 75\%$ 的孔隙度，而对于由金属向金属氧化物进行体积膨胀所要求的孔隙度要求仅为 37%[97]。随着电极厚度的增大，氢氧根离子在电极孔隙中的扩散受到阻碍，从而对金属氧化物的生成起到促进作用；非导电性的金属氧化物还会使金属电极内部电阻增大，从而造成放电时的电压降低，充电时的电压升高。

金属利用率是一种常用的衡量金属电极性能的指标，其本质是由电极在充放电过程中所消耗锌的容量与理论容量之间的比值所决定，该数值受金属电极完全钝化或内阻升高的影响。

上述四项问题，往往彼此间存在着重大的内在关联。例如，形变引起的稠密化会降低电极的活性表面积，使其在充电过程中（电流恒定状态下）的过电势升高，进而增大其生成枝晶的概率。同时，由于金属的钝化会降低反应表面的活性，使电流分布不均匀，进而引起枝晶形成更加严重。例如，氢气析出反应引起电解液对流，从而加速了其形态变化的速度。因此可以得出，解决了上述某一问题将会解决另一个或者更多个问题。

通过提高析氢过电势，能够增加电池的充电效率，同时也能够减少锌电极的自放电。可以从电池的循环寿命、电池的容量以及库伦效率三个维度出发，对电池性能改善的方法进行研究。

（2）负极利用率低，存在极化现象。

虽然有些负极材料的电化学活性很高，但是在放电过程中材料的表面往往出现极化现象，极化现象形成的不导电层将会使金属板不能与电解液直接接触，阻碍了电极反应进程。

（3）放电时存在"负差效应"。

在阳极中，随着放电电流的增大，极化电势发生了正向偏移，导致了电极析氢速率的提高，"自蚀电流密度"的增大，材料的利用率降低等，这些被称为"负差效应"。结果表明，由于"负差效应"，镁合金在用作化学电源时，其放电效率明显下降。

（4）对于负极，在电解液中存在严重的负极钝化和腐蚀，降低了负极的库伦效率，缩短了电池的使用寿命，存在严重的自腐蚀析氢[98]。

化学电源中，金属阳极在电解液中发生电化学氧化反应放电的同时，往往伴随着自腐蚀析氢反应式。例如，在锌极上，由于金属/金属氧化物的基准反应电势比氢气析出反应低，所以发生析氢反应。所以，在热力学上，析氢反应是切实可行的，而且，在静态条件下，金属电极也会发生腐蚀。

$$H_2O + 2e^- \longrightarrow 2OH^- + H_2 \qquad (2-1)$$

$$Zn + H_2O \longrightarrow ZnO + H_2 \qquad (2-2)$$

这也就意味着，由于析氢反应会消耗部分电子，使金属电极无法达到 100% 的库伦效率进行充电。结果表明，在电极上生成一种新的氧化层后，其自放电率将会提高。伴随而来的一系列副反应，不仅会造成金属阳极的无功损耗，使利用效率下降，而且还会造成电池结构的复杂性。

在空气正极中：

（1）放电产物影响。

正极反应动力学缓慢限制了电池的实际能量密度，正极表面堆积的放电产物（金属氧化物、氢氧化物等）会阻塞后一步反应的通道，使正极材料与电解液的接触界面面积减小，从而导致反应的催化活性位减少，对于电池的放电容量以及循环性能造成影响。

（2）金属燃料电池的空气正极反应动力学和传质动力学缓慢，电极稳定性差[99]。

因为正极反应的过程具有一定的复杂性，其反应机理尚未进行明确。金属燃料电池可利用空气中的氧气，但是其部件结构复杂、成本高、体积大，因此构建高容量、高导电性和高传质能力的正极材料，是解决该问题的一条有效途径。所以，要想将金属燃料电池的潜力发挥到最大，就必须以氧化学反应机理为基础，开发具有 ORR/OER 双功能催化剂，来推动电荷传递的电极结构的合理化，方便传质、电荷传递等[100]。在金属燃料电池的运行过程中，氧还原反应（ORR）和氧析出反应（OER）是其最主要的反应，其正极性能的好坏是由反应速率的快慢来进行决定的，其中，氧还原、氧析出反应过电势高，反应动力学缓慢，电极结构不稳定是限制其规模化应用的关键问题。其较慢的氧还原、氧析出反应动力学行为会造成很大的过电势，从而使电池的能量转换效率大幅下降，因此目前面临的一个重要的挑战就是制备高效稳定的氧电极[101]。

（3）电池的设计制备工艺。

金属燃料电池的潜力很难被开发出来，其关键问题在于空气正极材料和结构。在传统的电极制备中，由于采用了大量的黏合剂，导致电极的催化剂容易脱落，机械稳定性较差，电极质量较大等问题。电池阴极的结构设计和制备工艺还有待进一步提高，以提高阴极的极化性能与催化效率，进而改善电池的效率。

在电解液及其他方面：

（1）电解液问题。

很可能会出现电解液蒸发而干涸、爬碱漏液或者因为空气潮湿而导致电解液变稀的情况，电池内部也很容易进入空气中的二氧化碳气体，而使电解液碳酸盐化，电解液还可能溅到壳体表面，发生漏电现象，电解液流动不均匀。同时，如何提高电解质在较低温度下的工作性能，是目前亟待解决的难题。而且，金属盐的导电性以及溶解度在大部分离子液体中都比较低，这就对电池的充电以及放电速度造成很大限制。

大部分离子液体的氧溶解性都比较差，这对提高电池比容量是非常不利的；相对于水溶液或有机溶液体系而言，离子液体黏度较大，电极表面不能充分润湿，传质阻力和界面极化电压较大。目前，虽然大部分离子液体中都能进行金属的氧化还原反应，并开展了对金属燃料电池充放电性能的试验，但仍存在能量消耗大、极化大、充放电电压差大等问题。目前，大部分离子液体的制备仍存在着成本偏高的问题，从而导致了金属燃料电池的生产成本也随之升高[102]。

（2）成本问题。

制约金属燃料电池发展的一个关键因素是其阴极催化剂，当前阶段，市场上大部分都是贵金属基催化，其对于氧还原反应以及氧析出反应都具有较好的电催化活性，但其存在价格昂贵、双功能活性低、使用寿命短等问题。

（3）其他问题。

金属燃料电池比容量低，倍率性能差，循环寿命短。

2.3.2　金属燃料电池发展方向

金属燃料电池使用的阳极材料是放电稳定且具有高能量密度的轻质活性金属。另外，由于金属氧化物是金属燃料电池中生成的产物，因此不会产生任何污染，因此可以说是一种绿色、高效、节能的新能源技术。然而，由于金属燃料电池阳极一般采用高活性金属，其在酸、碱甚至中性盐环境中非常可能被腐蚀，进而引起放电，严重影响其容量[103]。另外，还可以考虑在金属燃料电池中增加充电电极，实现充、放电过程，使金属燃料电池同时具有发电以及储能两种功能，使其能结合燃料电池以及蓄电池的优点，进而扩大其应用范围。随着金属燃料电池的种类越来越多，它的应用范围也在不断扩大。锌空气原电池已作为一种商业的助听器被广泛使用，而军用领域中镁空气电池以及铝空气电池得到较为广泛的应用。尽管目前尚无可再充电的电池，但是铝、锌、镁空气电池可以通过更换自身的电解质和电极，从而成为"可加燃料的"电池。

此外，还可以通过诸如电解或太阳能热分解之类的方法，让含有氢氧化物或金属氧化物的废电解质浆料进行回收循环并再生出金属。电池可以通过这种方式实现再充电性能，但是当前可再充电金属燃料电池还在研究中。

可替换的金属片蓄电池（可替换负极电池）是指在放电结束后，实现电池的"快速充电"的方式，是用新的金属替换已使用的金属电极。其在以下几个领域中取得了重大突破[104]：

（1）增加电池的使用时间：利用高分子膜电极技术，将正极使用时间从原来的 200 周上升到 3 000 周。

（2）正极催化剂的改进：Pt、Ag 被一种金属大环化合物取代，成本下降 85% 左右。

（3）利用空气扩散管理装置：利用该空气扩散管理装置，带动风扇运行，加速氧的传递速率，增加在电极反应区的氧浓度，确保对放电的氧需求量，增加放电电压及放电容量，如图 2 - 3 所示；它可以减小电池的体积，减少电池对周围环境的需求。

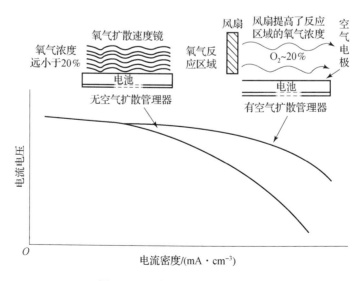

图 2 - 3　空气扩散管理器的作用

（4）柔性正极的设计：确保电极间隔不变进而稳定输出电压。

（5）增加负极合金的利用率：通过合金进行改良使得利用率从 50% 增加到 95%。

（6）负极合金的改进：采用低纯铝处理的合金，可以使生产成本下降 56% 左右。

（7）使用插卡式替换负极金属板：该设计实现对于金属板的替换可在数秒至数分钟之内完成，从而达到"快速充电"的目的，以确保电池的使用。

（8）开发一种新的电解质添加剂：它可以将原本附着在负极上的胶态物质转变为晶体沉底，从而提高负极的利用效率以及活性。

（9）采用微处理逻辑控制系统：对电池的电解液循环，热量交换，温度、氢气监测，电源变换（直流/直流，直流/交流）进行智能控制，提高其使用寿命，以确保蓄电池的合理使用。

通过上述关键技术的提升改善，不仅可以对电池性能进行有效的提升，还可以降低成本，为其走向实际应用奠定基础。

在金属负极中可考虑从以下几个方面改进：

（1）阳极合金化。通过向阳极金属中加入具有高析氢过电势的金属，可以有效地抑制其析氢反应，降低其对阳极金属的侵蚀。

（2）按照阳极金属材料，对电解质进行选择。从金属活动的顺序来看，依次是：钠 > 锂 > 镁 > 铝 > 锌 > 铁。当将排在前面的钠和锂金属用作阳极时，因为这两种金属在水相中不能稳定的存在，所以通常会选用有机电解质，这样就需要对有机电解质的稳定性进行考量，避免在金属燃料电池充放电过程中出现分解现象。而排在后面的镁、铝、锌、铁等则是用碱性或者中性盐等水相溶液作为电解质，这个时候就需要考虑到水相溶液的酸碱度及添加物等对金属阳极腐蚀的影响[105]。

（3）制备 3D 结构电极。金属电极的结构及集流体的几何形状对电极性能的提升有很大影响。提高集流体的比表面积，能够有效地减小 Zn 的沉积过电势，减少枝晶的生成概率。另外，通过对集流体以及电极的设计，可以有效地改善锌体系中电流及电解液的分布，减少了钝化的概率。铜泡沫等开孔式金属泡沫集流体由于其机械强度好、比表面积大、孔隙率高（一般大于 95%）等优点能够负载活性锌。目前，国内外的研究者主要采用电沉积法来实现金属在金属泡沫中的负载。但目前所报道的材料体积容量密度与理论计算相比仍有较大的差距，主要原因在于很难在金属泡沫的整个厚度中获得一种厚度均一的沉积金属[106]。Chamoun 等[107]报道了一种 3D 多枝晶锌电极，这种电极是由较高过电位制备的，但因其 3D 电极结构脆弱性，其循环放电深度仅为 40%。

（4）使用聚合物黏结剂。目前，多采用在金属/氧化物粉体构成的电极中加入聚合物黏合剂，然后在粉体中加入集流体，使其具有更好的机械稳定性。PTFE 是被用来经常使用的黏结剂，这是因为其相对便宜，容易分散，并且与碱性电解液具有良好的化学兼容性[107]。此外，还采用了诸如羧甲基化纤维素（CMC）、琼脂和聚乙烯（PVDF）等亲水性黏合剂。尽管目前还没有对黏合剂在锌电极上的应用进行系统研究，但是一般都认为提高金属电极的机械强度可以避免其变形。另外，该黏合剂还可以提高金属/金属氧化物粉体在电极中的分散程度，提高有效表面积，减少枝晶生成的可能[108]。但是，基于聚合物的黏合剂一般不导电，从而使金属电极的内电阻增大。

（5）碳基电极添加剂。在放电时不导电金属氧化物以及聚合物黏合剂的生成，使金属电极内阻增大，从而使金属的利用效率下降。碳基添加剂（如炭黑）由于其优良的导电性能和优良的耐碱性能，常被用于减小金属电极的电阻。因此，可以有效地防止钝化，提高锌的利用率。例如，Masri 和 Mohamad 已证实，2% 的超级 P 炭黑的加入可使锌/琼脂浆电极中锌的利用率从 68% 增加至 95%。

（6）电极涂层。在金属电极或粉末上制备涂层，可以有效地延长电池的循环寿命。在充放电开展中，涂层既能保证 OH⁻ 的高效输运，又能抑制在放电中氢氧根离子的外流。通过抑制氢氧根离子的迁移，减缓材料形状的改变，降低充电时的浓度梯度，进而减少枝晶的生成。与上述金属添加剂进行比较，若所述涂料仅占全部金属电极的少量，则只要使反应性金属物质的比率最大，就能得到较高的容量。

在空气正极中，在充放电时因为氧析出与氧化还原反应动力学缓慢、能量利用率低、过电压高等问题，严重制约了电池的商业化进程。此外，在传统的金属燃料电池的正极制作中，由于使用了黏合剂，会导致机械稳定性差，催化剂脱落，电极损坏，电极质量增加等问题，这些都会对金属燃料电池的性能造成消极的影响。

贵金属催化剂在 ORR、OER 等反应中表现出很高的催化活性，但是由于其资源匮乏、价格昂贵以及数量稀少，在商业化的应用中受到很大限制。在锂空气电池中碳质空气正极材料虽有较高的比容量，但其稳定性较差，容易分解，导致电池的使用寿命较短；然而，非碳空气正极虽然具有良好的稳定性，但是其比容量却非常低。所以，将高机械稳定性、高化学稳定性、高导电性的纳米多孔金属与高催化活性的贵金属相结合，发展出具备高性能、高稳定性的双功能空气正极材料，对于解决金属燃料电池所面临的难题有着重要的实际意义。

由于金属燃料电池的阴极为空气扩散电极，因此需要发展具有良好催化活性、廉价易实现工业化的催化材料。目前，在制备过程中，存在着对结构控制困难、如何实现活性点位最大化、如何简化制备方法、催化剂能否批量工业化生产等一系列问题。虽然近年来，非贵金属催化材料的制备已经有了进步，但是现有的非贵金属催化材料的合成仍然是以克乃至毫克的量级制备，且制备过程复杂、环境污染大，很难达到大规模制备的要求。因此，发展一种安全、环境友好、成本低廉的非贵金属催化剂，实现其大规模制备具有重要意义。鉴于其在市场上的广泛使用，未来发展中其市场需求量将会非常大。

发展性能优异、价格低廉、稳定性好、制备工艺简便、可规模化制备的电催化剂，对推进金属燃料电池的商业化进程具有重要意义。目前，国内外对于金属空气二次电池的研究也集中于新型催化剂电极材料的构筑及性能调控、新型金属燃料电池体系的构造等。

在空气正极中，Pt 及 Pt 基化合物是通常使用的 ORR 催化剂，Ru、Ir 基化合物是 OER 常使用的催化剂。当前，贵金属催化剂支撑的多孔金属电极被广泛应用于金属燃料电池的空气正极，但是受到其资源以及价格等方面因素的影响，其在清洁能源技术领域的运用受到很大限制。要想对该问题进行解决，可以使用下面的方法：

（1）通过贵金属包覆、改变催化剂形态等制备方法的优化，减少贵金属的负载量，从而减少在空气正极材料中贵金属的使用量。

（2）开发廉价、高效、稳定的非贵金属催化剂，以达到降低其生产成本和提高其催化活性的目的。

（3）对制备方法以及条件进行优化，研究合金含量、成分、形貌、尺寸、分布、合金化方式等对其电极催化性能的影响规律，获得电化学性能最优的空气正极催化剂。

（4）采用 DFT 等方法进行计算，对其催化机制进行系统的研究，确定其催化活性中心，为设计新型空气提供理论指导。

（5）当前，对于金属燃料电池空气正极的放电产物以及储能机理的研究，还缺少一套完整的理论体系。以前期研究为基础，将原位和非原位等表征手段和理论计算相结合，对放电产物组成和形成过程展开全面的研究，从而构建出空气正极的储能新机制[108]。

而对电解液采取的措施如下：

（1）添加剂的使用。通过添加少量添加剂，改变离子液体中金属溶剂结构，提高金属盐的溶解性，使电解液的黏度降低，从而降低其过电压。

（2）双电解液体系的使用。在水溶液中，大部分金属燃料电池都是反应不可逆，不能被充电，但是该体系具有较高的放电电势和较高的充放电效率。在此基础上，可以构建一种水系－离子液体电解液，在金属负极中使用离子液体，在空气电极中使用水系电解液。

（3）有效催化体系的开发。催化剂的选择对电池的整体性能起着至关重要的作用。虽然已有 7 类催化剂用于金属燃料电池，但它们在离子液体体系中的适用性尚不明确。离子液体独特的结构与性质为金属燃料电池提供了一种新的电解液体系。因此，寻找和开发适用于离子液体的高效催化剂，成为其应用的重要一环。

（4）仿真模拟方法的使用。离子液体中阴阳离子的种类具有多样性，并且具有可以任意组合的可设计性，这就可以让离子液体的宏观性能具有可调节性。利用仿真模拟来对其特性进行预测，可以有针对性、选择地进行应用基础研究，从而达到成本和时间的最低化[22]。

针对实际的应用要求，以离子液体为基础，对其进行结构优化，并对离子液体体系结构与性能之间的构效关系进行深入的研究与理解，为发展金属燃料电池技术提供理论基础与技术支撑。

金属燃料电池中离子液体的研究刚刚开始，成果还处于实验探索阶段，对其工艺过程的认识还不够清楚，对其过程的调控还缺少理论指导。为此，有必要对其进行深入的基础理论研究，并对工艺进行反馈和优化，以实现高能量密度、高功率密度、良好的循环稳定性和安全性，同时兼顾充放电效率和成本。

第3章　金属燃料电池关键技术研究

3.1　电池负极

当前，负极材料多以金属合金为主，少数研究的金属电极采用99.9%纯度的金属片等，主要用于电解质以及电池的空气电极的研究；有部分研究通过改变负极形态，利用制备片状以及粉状电极等，通过数值模拟手段，对金属电极的腐蚀与自放电机制进行调控，但相关的实验还很少。对金属电极的研究主要包括通过改变金属合成元素来探索金属的自放电、腐蚀钝化机理及其抑制方法以及二次金属电池在多次循环后出现金属电极的枝晶问题[109]。

常见阳极材料的电化学性能如表3-1所示。

表3-1　常见阳极材料的电化学性能

阳极材料	电化学当量 /(A·h·g⁻¹)	理论电压/ 对氧电极/V	理论能比 /(kW·h·kg⁻¹)	实测电压/V
锂	3.86	3.4	13.0	2.4
铝	2.98	2.7	8.1	1.6
镁	2.20	3.1	6.8	1.4
钙	1.34	3.4	4.6	2.0
铁	0.96	1.3	1.2	1.0
锌	0.82	1.6	1.3	1.1

3.1.1　锌负极

作为锌空气电池负极材料，锌电极在充放电过程中易发生溶解、沉淀等问题。锌枝晶的生长和钝化、电极变形、析氢腐蚀是影响锌电极的重要因素。目前，将防腐剂添加到水溶液或锌电极中，可以有效地降低镀锌层的自腐蚀。在锌电极中，可加入少量的诸如锡、铋、镉、铅、铟等的金属来使锌电极保持稳定。将表面活性剂加到锌电极中，锌的电化学性能会受到硅酸盐以及聚合物等添加剂的影响，并对氢的产生有一定的抑制作用[110]。锌空气电池的阳极在水相电解质中也存在着放电以及腐蚀等困境。研究发现，锌电极放电持久率在添加 Bi 元素后，提升到90%以上，尤其是当 Bi 元素含量为2%时，放电持久率可达到99.5%，可以看出，添加 Bi 元素后，Zn – Bi 空气电池在水相电解液中的放电现象得到显著的抑制，如图3–1所示。此外，用其他材料对锌进行涂覆是一种有效的方法，可以提高负极的总体性能[111]。

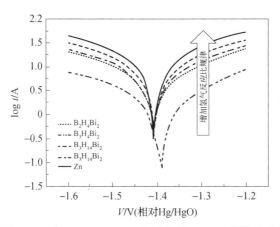

图3–1　在7 mol/L KOH 溶液中的 Zn – Bi 极化曲线

自1796年伏特使用锌作为阳极材料而开发出第一块电池后，很多电池如锌二氧化锰电池、锌空气电池等都采用了锌作为负极材料。金属锌资源丰富，具有比能量高、可逆、无毒、质量轻、耐碱性等优点，得到广泛的应用。相比于常规电池，其能量依赖于活性物质，而锌空气电池是以空气中的氧为活性物质，其能量主要依赖于金属锌阳极。高利用率的活性物质是优良的锌电极所具备的重要条件，既可以进行高效的充电，又可以在长时间的充放电循环中保持其容量不变[112]。

3.1.2　铝负极

金属铝在强碱性溶液中会存在以下几个问题：

（1）金属铝表面在阳极溶解时，会生成一层仅数纳米厚的氢氧化物钝化膜，使其电位发生正移，并产生电压滞后。

（2）铝是一种两性金属，在强碱溶液中会产生严重的析氢侵蚀，特别是在含有铁、铜、硅等微量元素杂质的情况下，会产生较大的铝耗，从而使电池的活性物质的利用率以及库伦效率均出现下降的情况。

（3）由于铝空气电池为半开放式系统，在外部环境湿度的影响下，其空气电极溶液极有可能出现"淹没""漏液""干涸""爬碱"等现象，进而对其整体电池的结构造成损害[113]。

工业纯铝含有铜、铁等杂质，且其铝阳极在电解质中容易发生析氢腐蚀以及自腐蚀等现象。因此对铝纯度要求不低于 99.999%。铝空气电池的阳极材料往往采用的是高纯度的铝材料，但其电解工艺要求较高，且成本较高。由于纯铝表面存在着一层致密的氧化膜，导致阳极钝化，电流密度下降，所以不能直接使用纯铝或高纯铝作为阳极。

铝合金作为铝空气电池的阳极材料是当前应用最广泛、研究最多的材料。为减少铝合金在进行制造过程中的腐蚀，延长其使用寿命，在铝空气电池中使用最多的是 Al – Zn、Al – Ni、Al – Ga、Al – Sn 等铝合金。

当前阶段，研究者对于铝空气电池的研究主要从以下方面开展：

（1）合金化。金属铝极易被氧化，在其表面生成一层氧化膜，从而提升其电极电位；然而，一旦氧化膜被打破，其与金属铝之间的电位差异将进一步加剧对金属铝的侵蚀，降低其使用寿命，严重时会失效。合金化方法可以作为一种有效的方法来解决铝空气电池阳极材料的腐蚀问题，对于铝空气电池用铝合金阳极，最初的开发是以二元合金为起点，并试图将不同元素的特性结合起来，来解决铝电极的耐蚀性和活性这两个相互制约的问题。在这些元素中，被研究得最多的有两种，一种是能够破坏铝的表面钝化膜的元素，如 Ga、In 和 Sn；另一种是高析氢过电位元素，如 Bi、Pb、Sn 等，对于铝的寄生析氢腐蚀的抑制主要是通过提高析氢过电位来进行的。Macdonald. D 等将一定量 Zn、Ti、Ga 或 In 等元素加入纯铝中，制备得到了一系列二元合金，并对这些合金在 4 mol/L 的 KOH 溶液中的性能进行了研究。结果显示，相对于纯铝来讲，在铝中加入含量和种类各不相同的元素之后，其效果有了显著的提升，但它作为阳极合金，依然不能满足需求。秦学等[114]认为，在铝合金化时添加元素的条件是：①具有较高的电化学活性以及固体饱和度；②熔点低于铝；③在电解质中溶解度高，析氢过电位高。当前，其研究方向已从二元合金扩展到多元[115]。通常情况下，铝合金材料是采用 Al – Ga、Al – In、Al – Ga – In 合金作为基体，并添加 Pb、Bi、Sn、Zn、Mg、Mn 等元素而构成。Ma 等对在 2 mol/LNaCl 溶液中，Al - Mg - Ga - Sn - Mn 的放电性能以及腐蚀行为进行了研究，并将其与 Al - Mg - Ga - Sn、Al、Zn 及 Al - Mg - Ga - Sn - Mn 等材料对比。结果表明，Al - Mg - Ga - Sn - Mn 比 Zn 和 Al - Mg - Ga - Sn 材料制成的阳极板具有更高的电化学性能和更低的腐蚀速率[111]。

（2）热加工处理。通过对合金进行热处理，可使合金中各元素在合金中的分布发生变化，进而改变合金的微观结构，对其电化学性能产生重要影响。电池用铝合金的生产工艺，包括热处理、熔炼、轧制三道工序，其核心是对合金成分进行控制，保证其在使用过程中表面质量均一。贺俊光等[116]依形变量不同的 Al - Ga - Sn - Bi 合金为对象，对其在 KOH 溶液中的自腐蚀速率、开路电位、析氢速率等进行了测定，并对其电化学特性进行了分析；研究发现，当轧制变形量为 80% 时，Al - Ga - Sn - Bi 合金的自蚀率与原始状态相比最低，电化学性能以及放电时间是最优的。Fan. L 等[117]在室温下，对高纯铝展开了等通道转角挤压实验，经过不同的挤压次数（3 次、5 次、7 次和 9 次），得到了不同的晶粒尺寸。在将其制备成电极之后，对其电化学性能进行了测试，结果显示，挤压 7 次得到的高纯铝的电极性能最优。在 4 mol/L 的 NaOH 溶液中，采用 10 mA/cm^2 进行放电，它的比容量达到 2 308（mA·h)/g，比能量达到 3 525（mW·h)/g。而原始铸造态的铝电极只有 1 631（mA·h)/g 和 2 267（mW·h)/g。

3.1.3 镁负极

1. 添加合金元素制备新型镁阳极

镁合金以及镁因其优异的电化学性能被认为是一种具有广泛应用前景的金属阳极材料。目前，提高镁合金阳极材料电化学性能的主要方法是采用合金化技术，以达到应用需求。然而，到目前为止，Pb、Tl、Hg 等重金属是合金化效果最好的元素，但是这些元素都是有毒、有害的重金属，因此，电池用镁阳极材料在民用方面的应用受到很大阻碍。同时，由于镁合金阳极自身存在着严重的析氢自腐蚀，造成了其库伦效率偏低、资源利用率偏低等问题。因此，发展环境友好的镁阳极材料，提高利用率，对于镁阳极材料的发展有着十分重要的意义[118]。

1）Mg - Mn 系

镁锰系镁合金因其具有高电化学活性、驱动电位大、环境友好等优点，成为当前牺牲阳极材料的主流，可以在海水以及土壤中运用。DOW Chemical 公司研制的 Mg - Mn 镁阳极是镁锰系镁合金的典型代表。然而，镁锰阳极与锌阳极和铝阳极相比，仍然存在着较大的自腐蚀问题，而且其利用率很低（通常仅为 50%），使用成本也很高，消耗很大。此外，在目前的技术条件下，在熔炼过程中 Mg – Mn 镁阳极容易形成铸造缺陷，对其电化学性能造成不良影响。所以，对其制作过程有很高的要求。目前，Mg – Mn 系镁阳极材料进行合金化或降低 Mn 含量，从而简化生产工艺，提高产品质量，这是目前国内外研究人员所关注的重点。侯军才等[119]研究表明，在 Mg – Mn 合金中，Mn 含量为 0.08%，并且在开路电势几乎没有变化的情况下，Mg – Mn 合金的最大电流效率达到了 56%，具有很好的应用前景。Kim 等[120]将 0.14% 的 Ca 添加到 Mg – 0.2% Mn 中，不仅使合金的开路电位负移，而且电流效率更是提高到 62.36%。当向 Mg – xMn 中添加 Sr 时，其开路电位、电流效率等性能均超过了行业标准。另外，在高纯 Mg 中添加微量 Zn 后，镁阳极的开路电位负移至 1.85 V，电流效率超过 60%，已成为业界研究热点。

2）Mg – Al – Zn 系

Mg – Al – Zn 系镁合金是一种发展得比较早的镁阳极材料，其中最常见的有 AZ31、AZ41、AZ61、AZ63 及 AZ91。这些材料的利用率比较高，但在放电活性方面比较差，因此将其用在小功率、长时间使用的水下设备动力电源中，或者作为低电位的牺牲阳极材料。

AZ 系镁阳极材料的研究已有较多报道，其耐蚀性与合金元素的含量以及自身的显微组织结构有着较大的联系性。第二相 $MgAl_{12}$ 以及 a – Mg 是组成 AZ 系的主要成分，二者构成 AZ 系中最基本的微观腐蚀原电池。其中，$MgAl_{12}$ 对镁基体的腐蚀起到了双重作用，在其含量较少时，常作为阴极起到镁基体的腐蚀作用；而在较多含量的情况下，能够形成网状，起到抑制腐蚀扩展的作用。在镁基体中融入 Al 元素，不仅可以提高其抗腐蚀能力，控制 $MgAl_2$ 相的含量，还可以在镁基体表面生成一层氧化铝富集层，起到保护基体的作用[121]。

3）Mg – Al – X 系

Mg – Al – X 镁合金系典型代表为英国镁电子公司研制生产的 Mg – Al – Pb 系列和 Mg – Al – Tl 系列镁阳极。作为电池阳极材料，在各种不同的鱼雷中已经被广泛运用，可以看作目前镁阳极材料的标杆。Mg – Al – Tl 系因含有毒的铊而很少被研究，王乃光等在对 AP65 镁阳极做了全面的研究后，提出 AP65 中的合金元素 Al 和 Pb 共同作用，可通过溶解—再沉积的方式对镁阳极进行活化。在 AP65 镁阳极中加入微量的 Sn、Zn 等合金元素，可在较高的电流密度下，降低阳极激活所用的时间，并得出最优的合金成分 AP65 – 0.6% Mn。

4）Mg – Hg 系

该系镁阳极最先由苏联开发，现今依然在俄罗斯军方服役，主要应用于鱼雷动力电池[122]。我国中南大学自主研发的 Mg – Hg 系阳极材料具有国际领先地位，与 AP65 相比，当极化电流密度达到 200 mA/cm² 时，其放电电势为负值且更低，并且具有腐蚀均匀、稳定性好、在利用率方面与 AP65 相当、腐蚀产物易剥落、析氢自腐蚀程度低等优点。

马正青等[123]对 Mg – Hg – X 合金的活化机理进行了研究，表明，其活化的机制是由于高析氢过电位元素反复的溶解—沉积，进而破坏了镁合金表面的钝化膜，镁基体与电解液持续化接触，维持其电化学反应的进行。

Feng[124]等认为 Mg – Hg – Ga 系合金中的第二相 Mg_3Hg、Mg_5Ga_2、$Mg_{21}Ga_5Hg_3$ 能够对镁阳极材料的电化学活性以及腐蚀性产生很大影响。当这些第二相分布在晶界时，会使材料的耐腐蚀能力下降，若将其分散成细小的颗粒，则可增强镁阳极的耐蚀性，对于其放电特性起到改善的作用。同时，她认为 Mg – Hg – Ga 系合金的活化机理为溶解—再沉积机制，即在放电初期第二相加速其周围镁基体的溶解，然后脱离镁基体并形成点蚀坑，再进入溶液中的汞和镓离子会被镁还原，以液态混合物的形式沉积在镁的表面，破坏镁表面的钝化膜，并机械剥落腐蚀产物，促进镁的活性溶解。

5）Mg – Li 系

当前针对镁锂阳极材料的研究为 Mg – Li 系电池的重点。锂是当前阳极材料中电极电势最负且化学性质活泼的元素，不能直接用水溶液作为电解质。镁离子在放电过程中存在着一定的迟滞现象，添加锂不仅能够减少迟滞现象，提高其比能，还能够改善镁室温可塑性，使其加工成为理想的形态。

Lin 等对 Mg – Li – A1 三元镁阳极材料进行了研究，结果表明该材料电流效率以及抗腐蚀能力比 AZ31 镁阳极要好。哈尔滨工程大学的吴林则通过对 Al、Ce、Zn、Mn 等金属元素对镁锂合金电化学性质的影响进行了研究，结果表明 Mg – 5.5% Li – 3% Al – 1% Ce – 1% Zn – 1% Mn 具有很好的放电率和很高的库伦效率，并在此基础上构建了 Mg – H_2O_2 半燃料电池，最高输出功率达到 110 mW/cm²。

2. 加工状态对镁合金腐蚀性能研究现状

变形镁合金是与铸造镁合金相比，由塑性变形加工而成的一种综合力学性能更好的镁合金。但镁合金常温下滑移系很小，变形困难，是一种密排六方结构。加工镁合金的成本在一定程度上限制了镁合金的发展。

Zhao 和 Bian[124]等主要通过实验，分析了挤压、轧制镁合金以及轧制薄片厚度等因素对镁海水激活电池放电特性的影响。经过挤压，退火，再进行轧制得到的板材具有更细的晶粒。随着变形量的增加，不同厚度轧板，组织越均匀并且晶粒越细小，镁负极具有较高的电化学活性，放电电流越大，放电时间有些许减少。这主要是因为在阳极反应中，第二相颗粒会发生脱落。随着退火处理时间的延长，合金的 Mg – Al 第二相部分溶解进入基体，晶界趋向一致，电极活性得到改善[125]。

Aung 和 Zhou[126]等对晶粒尺寸和孪晶的影响进行了有关实验，在没有孪晶的组织中，腐蚀大多发生在晶粒内，Al – Mn – Fe 相与 α 镁基体形成的微电池反应对于基体的腐蚀起到了加速效果。其腐蚀速度在平均晶粒大小由 65 μm 至 250 μm 时，可提高 30% 以上。在微观结构中具有孪晶时，其能量密度较高，电极电位较正，导致基体沿孪晶发生腐蚀的速度加快，抗腐蚀能力大幅下降。同时，采用高压扭转、等径角挤压、累积轧制、多向锻造等大塑性变形技术，在有效激活 Mg 基体的同时，在一定程度上改善了自腐蚀析氢。

Song 和 Xu[127]等对镁合金电化学性能及放电性能的影响进行了系统的研究，通过对镁合金进行一系列的预处理，如热处理、抛光、酸洗、喷砂等技术。材质选用 AZ31 镁合金压延板材。经抛光和酸洗处理，通过去除或减少材料表面铁类杂质元素的有害影响，使镁合金的耐蚀性能明显提高。喷砂处理引入 Fe 元素及其化合物类杂质污染物和表面微应力的聚集，使材料表面某些部位电极电位较正，与基体负电位形成微电池，使基体腐蚀加速，对镁阳极的抗腐蚀性降低[128]。金属间化合物 Al – Mn – Fe 颗粒沉积，电极电位较正，是镁合金在热处理过程中耐蚀能力明显下降的主要原因。

在材料的制备过程中，由于轧制工艺的影响，导致镁合金的同一块轧板在表面、截面和侧面等方面的抗腐蚀性能存在很大差异。在 AZ61 等含铝量较高的镁合金中，轧制处理能够让板材截面的晶粒大小相差较大，并且出现含 Al 量少的带状组织，没有如表面和侧面的表面膜层的较强保护作用，且侧面和截面具有较多的位错与缺陷，使轧板截面拥有较表面、侧面差的耐蚀性能。这为我们提高板材的耐蚀性能而选择合适的轧制方式提供了参考。

3.1.4　锂负极

由于金属锂具有相对活泼的化学性质，其在空气中非常容易被氧化，与水发生反应会生成氢气，因此其在发展过程中安全问题是首要关注点。在金属燃料电池中，其具有最高的理论能量密度，但由于该金属在水相中具有很大的不稳定性，因此在进行组装的过程中很困难，同时其安全性也非常不好。

锂电池在实际运用过程中之所以会存在安全问题，很大程度上是由于金属锂与 CO_2 等物质很容易发生化学反应。目前，非水性锂空气电池多在干燥的纯氧条件下完成，因为在这样的环境下锂的副反应不会严重影响电池的安全性以及电池的性能。但是，对于负极锂的保护开展始终是研究过程中的一个阻碍，人们对其在大气环境中的应用进行了大量探索，但是在实际应用中的表现却并不尽如人意。尤其是对于采用双性电解液的锂空气电池，水分对其负极材料的锂构成了极大的危害。学者将自身的研究重点放在了对电池负极保护方面，进行了大量的研究[129]。

锂离子导电性玻璃陶瓷（LATP）不仅是一种水稳定性好的固态电解质，也是"保护膜"，特别是在双性电解质的锂空气电池中，LATP 是将水性电解质隔离开来的关键部分。LATP 在强酸以及强碱环境下不稳定，但是在 CH，COOLi 以及 LiC1，LiNO 具有一定的稳定性，能够对负极锂进行保护。但是仍旧存在被金属锂还原的问题，并且电池的阻抗会随着接触时间的增加而增加。Imanishi 等发现将 LiPON、PEO8LiTFSI 锂离子传导聚合物电解质添加在负极锂和 LATP 之间，能够处理 Li 与 LATP 反应的问题，但此类电解质和锂之间界面阻抗较大。Imanishi 及其研究者用 BaTiO，加入 PEO，LiTFSI 中，可以极大地减小此界面阻抗，保证负极可以进行稳定的充放电。

总的来讲，在锂空气电池中，其负极反应的稳定性十分重要，在大气条件下对于锂空气电池的运用，对电池内阻不产生影响的条件下也需要加强对负极的保护。所以，因为其较高的能量密度，锂空气电池仍然有着很大的发展空间，特别是在非水电池方面，在新能源汽车等领域其较高的理论能量密度能够发挥重要作用。

3.1.5　铁负极

铁具有丰富的储存量，价格便宜，绿色无污染，而且具备优良的电化学性能，铁在铁空气电池、铁镍电池、太阳能电池、超铁电池以及锂离子电池等领域有着广泛的应用。然而，当铁在用作铁空气电池阳极时，依然存在着两个关键问题。一是铁阳极所发生的析氢副反应，会对电解质中的水进行消耗，而这一过程会造成大量的电能浪费。因此为了达到电池的饱和充电容量，电池在充电过程中必须进行过度充电，造成该电池的库伦效率非常低。二是由于 $Fe(OH)_2$ 的存在，使铁空气电池的放电率下降，若在较高的电流密度下放电，则会严重损耗电池电压。

铁阳极一般组成包括金属铁或 Fe_3O_4 等氧化物的粉末。氧化铁粉末在使用过程中需要被组装进一定的支撑材料中，这些材料具有良好的导电性能，同时能够提供有效表面积，研究者在一般情况下会选择碳材料作为氧化铁粉末的支撑材料。在制作铁阳极的过程中通常要面对以下三个问题：

（1）要增加金属铁的利用率。

（2）避免铁的钝化。

（3）减少在充电过程中的析氢反应。

要想提升对于铁的利用效率，最佳方式是扩大电解质与铁之间的接触面积，如可以采用铁纳米颗粒来使阳极的表面积增加。许多学者已经制备出与商业 Fe_3O_4 电极相比具有较高电池容量的纳米结构的铁阳极。

为防止铁的钝化，缓解析氢的难题以及为了提高铁空气电池的性能，研究者通常会在铁阳极或电解质中加入一定的添加剂。

当在铁阳极中加入 Na_2S、FeS、Bi_2O_3、Bi_2S_3 等添加剂时，能够明显降低析氢反应，进一步提升铁阳极的充电效率。有学者推测，硫化物会降低铁钝化所造成的不利影响，由于 S^{2-} 和 Fe 原子在电极表面生成了一层高导电性的 FeS 薄膜，从而提高了钝化膜的绝缘性。如果单纯使用 Bi_2O_3 并不能显著提高电池通量，由此可以看出硫原子在铁阳极中起到了非常关键的作用。另外一部分学者将 K_2S、Na_2S 等硫化物加入电解质中，S^{2-} 可以吸附在铁电极表面，破坏铁电极的表面钝化，增加活性物质的析氢过电位。当向碱性电解质中加入 S^{2-} 时，虽然也可以生成 FeS 薄膜，但由于 FeS 不能均匀分布在电极表面，所以在碱性电解质中加入 S^{2-} 的抑氢性不如在铁电极上加入 Bi_2S_3 或 FeS 的抑制作用显著，电化学活性也就比较弱。铁阳极也可用于高温铁空气电池[130]。

3.2　电池正极

在整个空气电池组装过程中，空气电极作为正极起到重要作用。正极材料主要由催化层、集流层、防水透气层复合压制而成，各个层起着各自不同的作用，共同影响正极材料的寿命和使用效率。空气正极是影响金属燃料电池性能的关键因素，空气正极的性能决定了电池的放电比容量、倍率性能、能量转换效率、循环寿命等。

典型的金属燃料电池的空气电极包含三层：集流层、防水扩散层和催化层。在现有研究中，对于空气电极的排布有多重方式，按照氧气向电解液扩散的方向分为：防水扩散层→集流层→催化层，集流层→防水扩散层→催化层，防水扩散层→集流层→防水扩散层→催化层[109]。

当前，多孔电极片是大部分空气电极的结构，其最优排列模式为：骨架是集流层，在其两侧分别被其他两层所覆盖。金属导电性好、耐蚀性能的集流体为最理想选择，而正是由于镍网具备了抗腐蚀性以及良好的导电性，成为最好的选择。防水扩散层有很好的疏水性，能够让氧气通过多孔结构进入。起主要作用的是防水透气层和催化层，其中最重要的是催化层，它是催化氧化还原反应发生的场所，是决定电池电化学性能的关键。

在三层中，催化层是最重要的，它的活性、活性位点、比表面积都会影响到催化层的性能。空气电极催化层在空气电池放电过程中需要承担空气中扩散过来氧气的催化功能，较强的催化能力使扩散进来的氧气尽可能快地参与电池反应。催化层常用的导电材料有炭黑、石墨以及乙炔黑等，具有耐酸碱性、化学稳定性以及很好的导电性；催化材料常用的有贵金属铂、银、氧化物等，具有耐酸碱性、化学稳定性以及很好的催化性。

3.2.1　气体扩散层与集流体

在空气电极中，气体扩散层也是重要的一个部分，它是氧气进入电极的一个重要通道，还可以防止空气中的水分子进入内部，同时还能够阻止主体电解液泄漏。因此，在研究空气电极气体扩散层时都希望有较强的空气透过性和极高的疏水性能。气体扩散层常用的材料为活性炭和PVDF。活性炭具有耐酸碱性能、化学稳定性能以及很好的吸附性能。PVDF具有耐酸碱性能、化学稳定性能以及很好的密封性能。空气电极防水透气层结合这两种物质的特点，通过一定的化学比例混合达到防水透气效果。所以，气体扩散层也被叫做防水透气层。防水透气层由强憎水物质聚四氟乙烯等黏结剂制备而成，其中含有大量毛细孔。由于气体扩散层具有极强的疏水性，因此当其和电解液接触时，毛细效应会使进入毛细孔的液体呈凸液面，如图3-2所示，产生一个指向电解液的附加压强 P，P 保证了防水透气层的透气性和疏水性。附加压强 P 和毛细孔半径有关，因此孔径分布对空气电极的性能具有重要影响[131]。

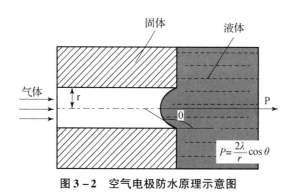

图3-2　空气电极防水原理示意图

防水透气层能够有效阻止电解液的渗透，同时可以让空气中的氧气扩散到三相反应界面上。通常防水透气层主要的组成部分是造孔剂、聚四氟乙烯以及活性炭，其组成含量的大小会对气相传质孔道是否是均匀分布、孔道数量、孔径的大小产生影响。氧气的传质在孔径数量较多的情况下传播的效率会很高；如果孔道均匀，那么会使电流更加稳定；孔径也是影响防水透气层的因素之一，较大的孔尽管氧传质能力强，但易被水淹；较小的孔尽管氧传质能力弱，但其疏水性却显著增强。可以看出，通过优化防水透气层组成材料配比，可以有效地提升空气电极的性能以及寿命[132]。

集流体在空气电极中既可以起到支撑作用，又能够进行导电，是电子传输的载体。因此，在电池运转的过程中，集电体需要具备一定的导电性能，能够有效地收集到电极上的微弱电流。导电骨架不管是在酸性、碱性还是在中性电解液中，都会有不同程度的腐蚀，从而对于电极的使用性能以及寿命产生很大影响[133]。因此，空气电极的集流体需要满足下列三个条件：

（1）优良的导电性能。

（2）良好的耐腐蚀性，在电极工作过程中不参与反应。

（3）低廉的价格。

试验表明，在大部分条件下，镍网的表面都会生成一层氧化物，使得镍网能够具备一定的抗腐蚀性。由于镍具有较高的析氢过电位，因此，对于普通的非氧化性酸来讲析出氢气十分困难，只能在有氧的情况下发生腐蚀。另外，在碱性环境下，金属镍的耐蚀性也非常好，因此可以作为苛性碱蒸发器管。将镍放入大约 50% 浓度的氢氧化钠溶液中，其发生腐蚀的速度低于 0.005 mm/年。除抗腐蚀性能好之外，镍还具有一定的强度，导电性能好。相应地，一般采用镍网状物或成本较低的镀镍铜网状物及不锈钢网状物作为空气电极。为了追求更优异的电化学活性，一些空气电极会选用价格更高的泡沫镍，但也有采取碳布、碳纸等材料。

3.2.2　氧还原催化层

金属燃料电池均以氧与金属之间发生氧化还原反应为基本原理，实现了能量转换与转移。结果表明，各种类型的金属燃料电池具有同样的电化学反应，即在阴极处发生的氧化还原反应。然而，受其自身热动力学特性的制约，其催化反应速度相对较慢，直接制约了其实际能量密度。所以，发展高效、低能耗的氧气还原电催化剂，成为该类型燃料电池的关键[109]。

1. 氧还原催化剂

ORR 涉及电子转移和多键重排，使反应动力学很慢，其基本反应历程存在 4 电子传递和 2 电子传递途径，通常以终产物判断具体的反应历程，若终产物为 H_2O_2 或 HO_2^- 则为 2 电子反应，产物为 H_2O 或 OH^- 则为 "2 + 2 的 4 电子反应"。催化剂类型不同，氧化还原反应发生的路径也不同。不活泼的金属多数会发生 2 电子还原，大多数活泼金属催化剂一般发生 4 电子还原[134]。

常见的氧还原催化剂大致包括三类：贵金属催化剂，主要包括 Pt、Au、Pd 等贵金属及其合金；非贵金属催化剂，包含过渡金属氧化物、硫化物、氮化物等；非金属催化剂，主要为碳基复合材料，包括修饰改性的碳纳米管、氮掺杂碳基复合材料等。

1）贵金属催化剂

由于贵金属资源匮乏，价格昂贵，限制了其在转换领域以及能源存储等方面的广泛应用，通过调控贵金属的活性位点，提高其利用效率，是发展高效催化材料的关键。主要的解决途径包括以下：一是调控贵金属颗粒的大小、形状以及金属纳米粒子的表面排列方式；二是采用包覆法或调整催化剂的形态，将贵金属合金催化剂负载到导电基底物上。

比较常见的贵金属催化剂具体有：Pt 及其合金，非 Pt 贵金属。贵金属具有独特的电子结构，其空的 d 电子轨道强度适中，并且容易吸附反应物，因此具有较高的催化活性，同时还有耐酸碱、耐高温、抗氧化等特点，被视为最佳催化剂。然而，由于贵金属价格昂贵、资源匮乏等问题，使其在产业化的应用受到很大限制，因此在实践中使用的是贵金属 – 贱金属合金的方式，这样既能使贵金属的用量减少，还可以使其化学稳定性和催化活性加强。当前在锂空气电池中使用的正极催化剂有铂、金、钯、银、钌、铱[134]。

以铝空气电池为例，其主要使用催化剂材料是 Pt、Pd、Ru、Au、Ag 等贵金属，其中 Pt 系和 Pd 系具有最好的性能稳定性和催化活性。纯铂黑是早期的空气电极催化剂，其载量超过 4 mg/cm^2，随后通过炭黑负载技术使其载量减至 0.5 mg/cm^2 以下。Erikson. H[135] 等对纳米 Pd 催化剂的应用进行了回顾，并根据粒度对氧化还原反应的影响以及氧还原的机理进行了总结，针对 Pd 催化机理进行解释，为之后进一步加强 Pd 催化剂活性做好了铺垫。在锂空气电池中，贵金属具有良好的耐腐蚀性以及抗氧化能力，是目前应用最广的一类催化剂，但其价格较高，制约了在市场上的进一步发展。在铁空气电池中，Pt 和 Au 是最常见的贵金属催化剂，拥有更高效的催化活性。

在空气电极上 Pt、Au 等元素少量的负载，其阴极就能表现出长寿命、高效的电催化性能，因此这两种元素已经成为目前合金催化剂常用的成分。

但是 Pt、Au 资源不足，价格昂贵，这是制约其在金属 – 空气电池中应用的瓶颈问题。研究表明，将相对廉价的贵金属 Ag 在集流体上负载多孔银膜，可以具备良好的电化学活性，并将其应用于三相界面 ORR 动力学，从而实现高效的氧化还原反应；银基催化剂有望成为一种具有潜在应用前景的空气阴极催化剂。

但银基催化剂与金属混合物催化剂相比价格较贵，易发生重结晶，目前使用较少。在多种贵金属中，Pd 的催化活性和 Pt 相当，但是其价格却是铂的三倍以上，因此，钯作为一种有潜力替代铂和金的催化剂，引起了研究者的广泛关注。

2）非贵金属催化剂

由于贵金属的储量低、价格昂贵等因素，开发其他类型的氧还原催化剂如非贵金属具有极大的现实意义。其中，硫化物、非贵金属掺杂碳材料、过渡金属氧化物、金属碳化物等被广泛研究。过渡金属氧化物因其廉价、高效、稳定等优势而被认为是最具应用前景的非 Pt 氧还原催化剂。因为过渡金属氧化物易于溶于酸溶液，所以目前对它的研究主要是在碱溶液中进行。其中，锰氧化物如 MnO、MnO_2 被当做是高效的氧化还原催化剂。非贵金属催化剂与资源稀缺同时价格较高的贵金属对比具有价格便宜、资源较广的优点。在非贵金属催化剂中，金属氧化物以及过渡金属能够全面地提升电池的性能，对于充放电产生的过电势进行降低，因此被当做是锂空气电池正极催化剂。二氧化锰、四氧化三钴、氧化铁、氧化镍等都是常见的、用于空气电极的金属氧化物。由于二氧化锰的多晶体结构以及形态，其电化学性质也各不相同。

其中，过渡族金属化合物（尖晶石、烧绿石、钙钛矿等）也是目前铝空气电池中的一个重要研究方向。铝空气电池阴极催化剂的主要成分为金属复合氧化物以及碳材料等。碳材料的结构是多孔状的，并且其成本低，在实际运用的过程中可以通过添加其他元素来提升自身的催化活性。Liu[136] 等通过秸秆，成功地合成了氮、钴两种元素掺杂的多孔炭材料。而过渡金属有机螯合物是一些含有过渡金属原子（Fe、Co、Ni 等）的含 N 大环化合物，如四苯基卟啉（PTPP）、酞菁，对氧气还原反应具有较高的催化活性。

3）碳基非金属催化剂

目前，被广泛应用于非金属氧化还原反应的催化剂是碳材料。尽管与贵金属相比其氧还原活性较差，但是它的多孔结构、廉价环保、大比表面积、高稳定性和高导电性使得它是最有希望取代贵金属的氧还原催化剂。碳纳米管、石墨烯以及纳米多孔碳等纯碳材料的氧还原活性较低，采用碳骨架内引入原子的方法来调控碳材料的电子特性，并在其表面形成氧吸附缺陷位，从而提高材料的氧还原性能。在碳纳米管和石墨烯等纳米碳材料中，氮的掺杂能有效提高其 ORR 的效率，且具有无金属、廉价和高效等优势，有望取代 Pt 催化剂用于氧化还原反应。将第二种杂原子（B、S、P）引入到氮掺杂的碳纳米材料中，可以对催化剂的电催化性能和表面极性进行进一步调控，从而提高其氧化还原反应活性。

在碳材料中，主要有炭黑、碳纳米管、石墨烯等催化剂，它们的比表面积大，同时具有良好的导电性和催化活性，不仅可以当作催化剂，还能够当作别的材料的催化剂载体。铁空气电池在碱性溶液中平时采用的是空气阴极碳材料，具有多级孔结构良好的导电性能。Sun X L、Zhang J G[137]等团队分别将具有多级孔结构的新型石墨烯用作锂空气电池的空气正极，正极的传质能力和活性面积得到明显提高，电池的放电容量得到大幅提升；Li Y[138]等将石墨烯纳米片基电极用作非水系锂空气电池，电池的放电容量比传统商业碳材料高出很多；Jun H - G[139]等制备了一种四乙二醇二甲醚（TEGDME）/LiSF$_3$SO$_3$/O$_2$ 电池；Wang H[140]等通过简单的注射法制备了一种自支撑碳纳米管基电极。除此之外，氮掺杂的碳材料同样被认为是一种简单有效的锂空气电池的空气正极材料，Yan H[141]等通过密度泛函理论研究了石墨烯和氮-掺杂石墨烯对氧气的吸附和解离能力，结果表明 N 掺杂不仅可以增强对氧原子的吸附，同时还能降低 O$_2$ 的解离能，大大提升了催化剂的催化活性。

以石墨烯为代表的二维材料在诸多行业都有着重要应用。在钠空气电池中，由于石墨烯高比表面积和易于修饰等特点，常被作为空气电极使用，其既可作为电池的空气电极，又可表现出良好的催化活性[142]。在 LIU[143]等的研究中，发现钠空气电池的正极材料采用石墨烯纳米片（GNSs），其首周放电容量高达 6 208（mA·h）/g，并且在 1 200（mA·h）/g 限制容量下获得优异的循环性能。虽然石墨烯的比表面积很大，对于放电产物的沉积有着很好的促进作用，但其在电极上的还原反应的催化作用却不够显著，从而造成了电池的充电电压极化较大。Li[144]等对石墨烯纳米片开展了氮掺杂的改性（N - GNSs），并将其作为空气电极，虽然降低了电池的充电电压，但仍存在循环稳定性和库伦效率偏低的问题，显示了电池可逆性不足的问题。

2. 氧析出催化剂

但是，目前的非贵金属催化剂大多采用碱性或中性的电解质溶液，氧析出反应通常在氧化物表面进行，在酸性电解质溶液中，氧化物很容易与电解质溶液发生反应。在氧析出反应中，高的过电势会使金属催化剂发生氧化，生成高价氧化物。贵金属、非贵金属和非金属催化剂是当前常见的氧析出催化剂。

1）贵金属催化剂

最早有关氧析出催化剂的研究始于 1860 年，Bockris J O M 等研究团队[145]对在酸性介质中合金电极以及单一贵金属的氧析出催化活性进行了研究，发现 OER 反应的动力学顺序为：$Ru \approx Ir > Pd > Rh > Pt - Rh > Pt > Au > Nb$。可以看出在催化活性方面贵金属催化剂具有很大的优势，然而，由于价格和储量、稳定性等方面的限制，造成其难以进行规模化运用。为了研究出具有高催化活性以及稳定性的 OER 催化剂，研究者开始制备多元 Ru - Ir 合金及其氧化物催化剂，RuO_2 在贵金属催化剂中具有最优的 OER 催化活性，但是其催化性能会受到晶体结构、颗粒尺寸、水合度、电子结构以及表面反应中间体的物种浓度的影响。

2）非贵金属催化剂

由于目前贵金属催化剂的匮乏，在 OER 催化剂中，非贵金属催化剂具有很大的应用价值。同时，在金属氧化物、硫化物、硒化物、氮化物等非贵金属催化材料的稳定性以及催化活性方面也有了很大发展，某些特定形态或者结构的材料的催化性能甚至要好于贵金属氧化物。

过渡金属氧化物或氢氧化物，以及过渡金属氧化物 - 碳材料是最受关注的 OER 催化剂，其具有价格低、环境友好和良好的析氧性能等优点。其中，MnO_x、Mn_2O_3、Mn_3O_4 等锰的氧化物由于其内部晶格中的无序结构以及 Mn（Ⅲ），多种 Mn - O 键等，是一种优良的 OER 催化材料。此外，以 Co、Ni 为金属中心活性位的氧化物也具有优异的 OER 活性。

锌空气电池阴极催化剂方面，Wang[146] 等成功合成了 Cu 纳米针，并在其表面原位生长了 PtRuCu 层作为锌空气电池催化剂层。Chen[147] 等发现使用 B_4C 负载 Pd 纳米粒子作为阴极催化剂可获得与 Pt/C 同样的起始电位。与贵金属电极相比，B_4C 负载 Pd 纳米粒子展现了更高的电流密度，其循环耐久性可达 1 333 h。除此之外，$La - MnO_{3+\delta}$、C - N/Ag、$NiCo_2O_4$、$NiO - Fe_2O_3$/CNT、$SmMnO_5$、La_2O_3/Co_3O_4/MnO_2 - CNT 等催化剂相继研究出来，空气电极的催化剂的种类以及研究也在不断完善，但同时具备低成本以及高性能的催化剂还需要进一步研发。在铝空气电池阴极催化剂方面，Xiang[148] 等已经制备多孔钙钛矿型 $LaMnO_3$，其具备了三维有序排列结构，并将其用作铝空气电池的阴极催化剂，与球形 $LaMnO_3$ 粉体相比，该多孔 $LaMnO_3$ 材料具有良好的电化学性能。

钙钛矿型氧化物具有 ABO_3 的结构（A 位阳离子代表 Ca、Ba、Sr、La 等稀土离子，B 位阳离子代表 Fe、Co、Ni、Mn、Cr 等过渡金属离子），其中，A 位元素能够稳定晶体点阵，B 位主要决定了氧化物的催化性能如何。Sunticich. J[149] 等表明，氧化还原反应的活性主要与 $\sigma *$ 电子轨道（eg）的占空性和 B 位过渡元素的金属—O 共价键强度相关。σ 轨道和金属—O 共价键在过渡金属离子表面争夺 O_2^{2-}/OH^- 置换和 OH^- 的再生成方面是氧化还原反应的速度控制步骤，从而突出了电子结构在控制氧化物活性方面的重要性。

锰氧化物因其具备优异的氧还原催化活性，同时资源丰富，成本较低，受到很多研究者的关注。Cheng. F. Y[150] 等指出，二氧化锰的催化活性与晶体结构有一定的联系：$(\alpha->\beta->\gamma-)MnO_2$，与此同时，还与催化剂的表面形貌有一定的联系，与大块状的 $\alpha-MnO_2$ 相比，纳米球状和纳米棒状具有更高的电流密度。若将 Ni 纳米颗粒沉积于 $\alpha-MnO_2$ 表面，则可提高氧电极还原反应的活性。Jiang. M[151] 利用 Ar 等离子体策略，合成了具有边缘的活性增强的 MnO_2，通过对其表面分析以及结构分析，发现在催化剂表面引入大量的缺陷后，其活性要比原来的 MnO_2 更高。通过密度函数理论（DFT）计算证实，该方法有利于氧的吸附种类和 O—O 键的活化，从而为发展高效、廉价的铝空气电池催化剂提供新的思路。

在锂空气电池中，过渡族氧化物具有良好的催化活性，兼具廉价，具有良好的价格优势，Co_3O_4 因其较好的容量保持率以及放电能量而得到广泛的关注。Co_3O_4 在锂空气电池的运用能够有效地改善电池的性能，其电化学性能与其纳米粒子的形态密切相关[152]。为了提高催化剂的功率密度，提高其循环效率，CoO 与 Co_3O_4 相似都具有高的可逆容量以及良好的催化活性。钙钛矿型氧化物，特别是钴基型钙钛矿型氧化物，具有优异的氧还原和氧析出的双功能性能，且与其他贵金属相比，具有较低的成本，是一种潜在的替代贵金属催化材料，被广泛应用于金属燃料电池。

尖晶石型氧化物一般来说由两种或多种金属元素组成，可归于立方晶系、离子型化合物。目前，对其结构的研究主要集中在 AB_2O_4 型（A、B 为金属元素，O 为氧元素）。HU[153] 等使用钙钛矿型 $CaMnO_3$ 多孔微球材料作为钠空气电池的空气电极，其首周放电容量达到 9 560（mA·h）/g。铁空气电池常用的空气阴极非碳材料包括：混合金属氧化物（钙钛矿、尖晶石和烧绿石）催化剂，锰氧化物催化剂，混合金属氧化物（钙钛矿、尖晶石和烧绿石）催化剂，Ni、Pt、Mn 的氧化物。

3）非金属催化剂

RuO_2 和 IrO_2 是一类极具代表性的氧气析出催化剂，其导电性能优良，但储量少且贵金属价格昂贵，限制了其在金属燃料电池中的广泛应用。因此，发展廉价、高效的非金属催化材料具有重要意义。非金属催化剂合成过程简单、成本低、污染较少，是未来氧析出催化剂的最佳选择之一。

3. 双功能催化剂

理想的电极材料应该具有大的比表面积、良好的双功能催化活性、能够储存更多放电产物的多孔结构、强的导电性，然而，目前单一材料难以兼顾上述要求，发展复合催化剂是解决上述问题的新思路。当前已开发的复合材料催化剂电极具体包括：金属－金属氧化物复合材料、过渡金属氧化物 – 导电基体、贵金属 – 功能碳材料、多种金属氧化物复合材料等[134]。

开发具有优异氧气析出（OER）性能以及优良氧还原（ORR）的稳定高效的双功能正极催化剂，是推动二次金属燃料电池商业化规模发展的关键。为了发展出循环稳定性好、性能优异的双功能催化剂，可以采用以下三种方式：一是将具有单一 ORR 和 OER 催化活性的催化剂进行物理混合，这种方法比较简单，并且可以通过改变比例来获得协同效应的催化剂体系；二是将含有能够分别催化 ORR 和 OER 原子的可溶性盐通过化学反应制备双功能催化剂，如将铂盐和钌盐溶液混合置换、还原反应得到 PtRu 合金双功能催化剂；三是在具有 ORR 催化活性的基体材料上生长具有 OER 催化活性的物质，如在氮掺杂的氧化石墨烯上生长 Co_3O_4 得到的双功能催化剂显示出高于单独两种材料时的 ORR 和 OER 活性。常见的用作锌空气电池的双功能氧催化剂主要包括贵金属、过渡金属氧化物、碳材料。

1）贵金属双功能催化剂

Pt 及其合金催化剂是最佳的 ORR 催化剂，Ru、Ir 具有明显的 OER 性能，通常被用作 OER 催化剂。然而，由于单一金属缺乏双功能催化活性，而且价格昂贵，这就制约了其在可再充锌空气电池的广泛应用。将包含 ORR 和 OER 催化活性原子的可溶性金属盐溶液进行反应，制备出一种能够最大限度地发挥贵金属协同催化作用的双功能催化剂。当前，合成的贵金属催化剂包括了 Pt/IrO_2、Pt/Ir – C Pt/Ir/IrO_2、PtRu 合金等，制备方法和金属的含量对催化剂的活性及稳定性有较大影响[134]。

在锌空气电池中，实现工业化规模化生产和应用可充电锌空气电池，一方面需要开发出具有低成本、高活性的双功能氧电催化剂，另一方面还需要开发出一种能规模化生产的催化剂的制备生产方法，从而可以确保金属燃料电池的工业化规模化生产应用。在当前现有的储能装置中，由于锌空气电池（ZABs）具有容量大、成本低廉、使用寿命长等优点受到广泛关注。但是，阴极材料的缓慢动力学反应氧还原（ORR）和氧析出（OER）使 ZABs 的发展受到阻碍。铂或铱基纳米材料是一类高效的 ORR 或 OER 催化剂，但价格昂贵、稳定性差，严重制约了其商业化应用。过渡金属基材料是一类满足高效的氧电催化反应要求的双功能催化剂，通过对其纳米结构的理性设计，能够提高其催化活性和电导率，进而实现其电催化性能的优化。通过对过渡金属基多相结构的设计改善，提高材料的电子结构，实现其在 ZABs 中的有效应用[112]。

2）非贵金属双功能催化剂

过渡金属因其来源丰富、价格低廉、电化学活性高、电子传导能力强、环境友好和稳定性好等优点，成为一种重要的双功能催化剂。其中过渡金属氧化物（Co、Mn 等）多为尖晶石、烧绿石、钙钛矿的氧化物及它们的复合物（Co_3O_4 纳米线、钙钛矿 $Ba_{0.5}Sr_{0.5}Co_{0.8}Fe_{0.2}O_{3-d}$、$Co_3O_4$/石墨烯、$Co_xO_y$/NC、尖晶石氧化物 $Co_xMn_{3-x}O_4$）。MnO_2 催化剂是当前商业化纽扣式锌空气电池采用的一种催化剂，其在碱性条件下表现出良好的催化活性，并具有较高的充放电寿命。钴基催化剂在 ORR、OER 等反应中表现出了不同的价态，具备良好的双功能催化性能，但其导电性能不佳，若通过杂原子掺杂碳材料，将会得到一种新的复合材料，从而提高了氧电极的催化活性[134]。

PtRuCu/CuNN/CuF 具有较好的 ORR、OER 双功能催化活性，而 PtRuCu/CuNN/CuF 用作 Zn – O_2 电池正极时电池的开路电压、最大电流密度、峰值功率密度分别明显优于 RuCu/CuNN/CuF 和 PtCu/CuNN/CuF 电极，PtRuCu 三元合金覆盖层的催化活性优于 PtCu 或 RuCu，这可能是由合金化过程中第三种金属的掺入使催化剂表面的粒子大小和催化活性面积发生改变引起的，PtRuCu/CuNN/CuF 具有超高的稳定性和超强的倍率性能、拥有优异的机械可再充能力和耐久性。这些性能的优越性归因于 PtRuCu/CuNN/CuF 表面的多孔结构以及自支撑电极的结构稳定性等因素的协同效应。PtRuNi/NiNS/NiS 也具有较好的 ORR、OER 双功能催化活性，用作 Zn – O_2 电池正极时电池的开路电压、最大电流密度、峰值功率密度明显优于 RuNi/NiNS/NiS、PtNi/NiNS/NiS 电极，这可能是因为第三种金属的掺入引起的催化剂活性面积的提升和电极自身的快速传质的协同效应。将容量归一化到消耗锌的质量，得益于 PtRuCu/CuNN/CuF 电极的介孔 – 大孔结构保证了快速传质能力、超薄的纳米片状结构增大了三相反应界面的接触面积、活性材料与导电基体的牢固结合保证了电极的机械稳定性，同时有利于纳米片与金属基体的电子输运，且 PtRuNi/NiNS/NiS 催化剂有优异的机械可再充能力和结构稳定性高的优点。

3）碳基双功能催化剂

近年来，以石墨烯、氮掺杂碳纳米管等为代表的杂原子掺杂碳材料被认为是具有氧还原和氧析出性能的最佳选择材料。在碳骨架上插入 N 后，因为 N 具有很强的电子亲和力，增强基底物捕获电子的能力，并且还能够将不对称的电子离域进行分散，使相邻的碳原子都带有正电荷。让带正电荷的碳与相邻的氮形成有效的活性位点，容易对 OH^- 和 O 进行吸附，从而促进 ORR 和 OER 反应的进行。此外，吡啶型和石墨型 N 可促进催化反应的发生，N、P 共掺杂的协同效应可明显提高双功能催化剂的活性[134]。

在非水系锂空气电池中，碳材料（活性炭、石墨烯、介孔碳、碳纳米管）既被用作多孔正极材料，同时也作为双功能催化剂。研究发现，碳材料的比表面积、孔径、孔的数量与锂空气电池的放电容量密切相关，表面积越大、介孔越多的碳材料得到的放电容量越高。石墨烯具有电子输运率高、比表面积大、导电性高、热力学稳定性好、化学稳定性高等优点，在金属燃料电池领域备受关注。ZHANG 等的工作发现，石墨烯复合铂作为催化剂对电池的电化学性能有较好的改善。

4. 催化层的结构

纳米多孔金属因其独特的结构与性质，已成为众多领域的研究热点。纳米多孔金属内部含有一定尺寸和数量的孔隙结构，孔隙度较大且大量连通形成三维结构，具有高孔隙率、高密度等特点的纳米多孔金属，在催化、传感、药物输运等领域具有重要的应用价值。值得注意的是，纳米多孔金属材料具有比表面积大、化学及结构稳定性高、导电性好、易塑性强和易与其他材料复合等优点，与理想的 $Li-O_2$ 电池空气正极载体材料的需求完全吻合。遗憾的是，纳米多孔金属（非贵金属）表面在有机电解液中不具有氧还原/析出反应（ORR/OER）活性，不能满足 $Li-O_2$ 电池中空气正极表面电化学反应的需要。这一缺陷可以通过表面修饰高活性电催化剂来实现。

在放电之后，传统 SP 碳正极表面几乎全部都被一层膜状放电产物所覆盖，在后续的放电过程中，这些放电产物不可避免地会对正极内部的氧气、锂离子以及电荷的传递造成阻碍，从而导致电极极化严重，放电终止。

放电后传统 SP 碳正极表面全部覆盖了一层膜状放电产物，在后续放电时会阻碍正极内部的锂离子、氧气以及电荷转移，造成放电终止。与之形成鲜明对比的是，放电产物生长在自支撑多孔结构疏松多孔的正极 3D 骨架上，有助于在后续放电过程中保持正极上 ORR 和 OER 反应的活性位点，从而获得高比容量。Li_2O_2 是唯一的结晶产物。通过对恒流放电曲线的分析，发现 PtRuNi/NiNS/NiS 正极具有快速的传质通道、良好的倍率性能以及良好的可再充性及可逆性，能够确保正极内部的锂离子以及电荷的快速传输。研究了 PtRuNi/NiNS/NiS 正极在非水系 $Li-O_2$ 电池中的性能，采用传统 SP 碳正极进行对比。常规的 SP 碳电极，由于其结构过于紧密，易导致放电产物沉积于电极表面，从而堵塞了氧离子和电解质的传递通道。PtRuNi/NiNS/NiS 正极可以显著改善 $Li-O_2$ 电池的放电/充电电压平台，由于空气电极具有良好的多级孔道结构，且具有良好的表面催化性能，其在对放电产物（Li_2O_2）的形成以及分解的开展中表现出良好的双效性能。

ZHANG[154] 等为解决目前钠氧电池导电性差、放电产物尺寸大的难题，制备一种无黏结剂的泡沫镍自支撑氮掺杂石墨烯气凝胶（3DN-GA@Ni），该材料具有良好的氧传输，且具有较大的比表面积，有利于放电产物的沉积。高分散性的氮掺杂位点，不仅能够分散沉积电池的放电产物，减小其产物的尺寸，而且可以增强对于放电产物的还原能力。

将具有规则多孔结构的碳材料应用于钠空气电极，将提升其循环性能以及实际电容量。SUN[155]等提出将氮掺杂碳纳米管作为钠空气电池的空气电极，由于它的空管状结构既便于对气体的输送，又可以使电解液与电极进行全面的接触，而且其表面的氮掺杂活性位点对放电产物的还原具有较高的催化活性。KWAK 等[167]采用了介孔碳作为空气电极，通过介孔碳的介孔结构，可以有效地对放电产物的颗粒大小进行控制，从而大大提高了电池的循环性能。该结构不仅在电解液中稳定，同时对放电产物具有显著的催化还原作用，提高了电池的循环稳定性。

目前在金属燃料电池中，为了改善空气阴极上的 OER/ORR 依然呈现缓慢动力学，国内外学者普遍使用具有高比表面积、多孔结构的碳材料作为空气阴极，在碳材料上负载 Pd 纳米粒子，以提高其催化性能，并为电子提供畅通的传导通道。当前与碳材料相比，以金属氧化物为载体来支持钯纳米粒子的方式受到越来越多研究人员的重视。另外，通过 Pd 与过渡金属结合，形成双金属或三金属催化剂，可以改变 Pd 的电子结构，增加大量的活性位点。

3.3   电池电解质

在进行电解液的研究中，一般采用向电解液中加入添加剂的方式，既能提高阳极的活性，又能降低阳极钝化程度，还能有效地抑制铝的析氢腐蚀。电解液添加剂一般可分为三类：复合助剂、有机激活剂和无机离子。SO_4^{2-}、Bi^{3+} 为常见的无机离子，有机激活剂为柠檬酸盐、乙醇和乙二胺四乙酸，复合助剂为无机离子与有机激活剂的结合体[110]。

金属燃料电池的理想电解质应具备以下特点：

（1）具有小的挥发性、低黏度，以及较高的扩散系数和氧溶解度。

（2）具有较高的化学及电化学稳定性，特别是在有氧自由基时，对大部分物质在化学上不敏感，并且不会与任何 O_2 还原态物质发生反应。

（3）电化学窗口宽，对于大的充放电电压差具有一定的承受能力。

（4）在一定条件下，溶剂分子可与金属稳定作用，并达到一个动态平衡。

根据目前的研究发现，电解质可以分为水系电解质和凝胶电解质两种。当前以水系电解质为研究对象，研究发现在 KOH、NaOH 等为代表的碱性溶液中，锌空气电池的催化活性得到极大的改善。电解液可以根据使用情况进行分类，如氢氧化钾、氢氧化钠、氯化钠、海水等。电解液分为两种，一种为循环状态，另一种为固定状态。KOH 相对于 NaOH，其离子传导性高，氧扩散系数高，黏度小。为了获得最大的导电系数，一般使用 6 M KOH 作为电解液。离子液体拥有高热稳定性、低蒸汽压、宽电化学窗口等优点，能够承受高的充放电电压，同时降低有机电解质易挥发、不稳定的缺点，此外，它还具备优良的导电性，为金属燃料电池的电解质体系带来了更多可能性[156]。当前，国内外对胶体电解质的研究多以柔性锌空气电池为主，其中以聚乙烯醇（PVA）柔性锌空气电池为代表，开发具有较好保水性和机械强度的凝胶电解质。

3.3.1　固态电解质

目前，金属燃料电池非液体电解质多用固态电解质和凝胶电解质。

除了有机、有机–水等液相电解质，锂空气电池还存在固体电解质。固体电解质的目的在于从根本上解决金属锂在液体电解质中的腐蚀和有机电解质的分解等问题。Liu[157]等以 $Li_{1+x+y}Al_x(Ti,Ge)_{2-x}SiP_{3-y}O_{12}$（LAGP）为固态电解质，该固态锂空气电池主要是采用锂为阳极，阴极为单层碳纳米管及 RuO_2 混合物，在有氧气的情况下，该电池的循环电压可以达到 2.96 V，而在空气环境下可以维持在 3.15 V。如图 3 – 3 所示为以固体 $Li_{1.3}Al_{0.5}Nb_{0.2}Ti_{1.3}(PO_4)$ 为电解质的锂空气电池。

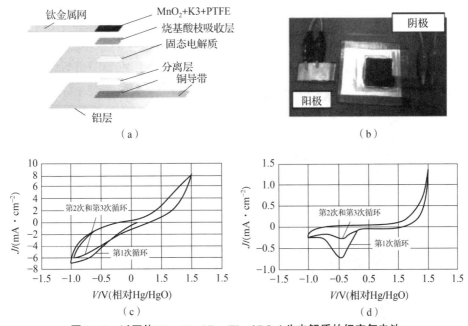

图 3 – 3　以固体 $Li_{1.3}Al_{0.5}Nb_{0.2}Ti_{1.3}(PO_4)$ 为电解质的锂空气电池

（a）结构示意图；（b）实物；（c）阴极电极为 MnO_3/KB/PTFE（76∶4∶20）。在 10 mol/L LiCI 水溶液中的

循环伏安曲线；（d）阴极电极为 KB/PTFE（80∶20）在 10 mol/L LiCI 水溶液中的循环伏安曲线

目前，铁空气电池所使用的电解质有三种，分别是水溶液、熔盐电解质、固态电解质，而在水溶液中，铁空气电池存在析氢问题。

为了解决溶液铁空气电池的析氢难题，许多研究者在构建电池体系的过程中均选择采用固体电解质。Tsuneishi[158]等在构建全固态铁空气二次电池时，采用的是 KOH – LDH（LDH 为镁铝双层氢氧化物），尽管该电解质离子导电性良好，但充放电效率却始终达不到要求，保持在 30% 以下。Xu[159]等采用 Y_2O_3 稳定 ZrO_2 为电解质，在可逆式固体氧化物燃料电池（RSOFC）的基础上，构建一种新型的铁空气电池。Mastude[160]等在制备 KOH – ZrO_2 固体电解质时采用了溶胶 – 凝胶。Inoishih[161]等将 $LaGaO_3$ 氧化物用作铁空气电池的电解质，铁空气电池的放电容量随着电池工作温度的升高而增大。易青风利用固态质子酸作为电解质，在不使用离子交换膜的情况下，制备出了一种能够稳定充放电的全固态铁空气电池。Xu[162]制备出一种全新的铁空气电池，其主要采用的是碱金属离子固体电解质，该电解质能够促进阴阳极上的电极反应，使铁空气电池的放电电压增加，当前针对铁空气电池电解质的重点是在固体电解质以及水溶液电解质方面。

水系锌金属电池（AZMBs）在充放电过程中存在锌枝晶生长和锌负极与电解液间严重的副反应等问题，给商业化应用带来了严峻的挑战。为了获得长循环稳定性和高可逆性的 AZMBs，厦门大学赵金保教授课题组首次通过离子交换和自由基聚合设计合成了一种新型聚阴离子锌盐水凝胶电解质——聚（2 – 丙烯酰胺 – 2 – 甲基丙磺酸）锌（PAMPSZn）。PAMPSZn 水凝胶电解质具有固定的聚阴离子链和受限制的 Zn^{2+} 传输通道，可以在缓解锌负极与电解液间副反应的同时有效抑制锌枝晶的生长，大大提升锌负极的电化学性能。如图 3 – 4 所示为 PAMPSZn 水凝胶电解质的合成示意图。

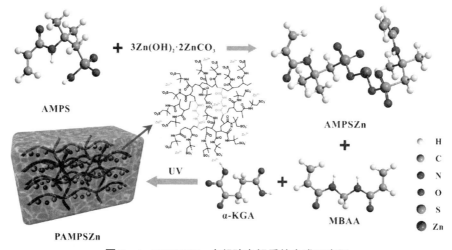

图 3 – 4　PAMPSZn 水凝胶电解质的合成示意图

在柔性锌空气电池的充放电过程中，电解质起着传输锌离子及氧气的作用。氢氧化钾因其高的氧气扩散系数、离子电导率、低的黏度等得到广泛的应用。常规锌空气电池采用液体电解质，易发生泄漏。另外，在锌空气电池中，由于碱金属电解液的存在，极易产生碳酸盐，造成水分流失，从而降低其电导率，同时还会造成电解质的消耗。它们为柔性锌空气电池提供了理想性能，如易于处理、可形变，以及足够好的机械强度，使锌空气电池能够在不使用隔膜的情况下正常工作。聚乙烯氧化物（PEO）是一种能够与多种化合物相容的成分，可加工成多种尺寸、形状。另外，聚乙烯氧化物还能降低产品的成本，便于改进。然而，PEO 存在氢氧根传输速率低、界面性质不佳等问题，致使离子界面电阻高、导电性能不佳等问题。另外，PEO 因其低熔点、高结晶等特点，其工作温度范围受到一定的限制[163]。

Park[164]等利用一种螺旋状的锌片阳极、明胶的聚合物电解质、负载 Fe－N－C 催化剂的商业空气阴极，构建出线型柔性一次性锌空气电池。主要的组装流程如下：第一步在木棍上缠绕锌片，把木棍移走后，把锌片放入直的玻璃管中，再在模子里注上一种氢氧化钾－明胶溶液，然后冷却。第二步，在此基础上，利用空气阴极绕到凝胶电解质上。接着把电池装进一个带有均匀孔的封闭管中，这样就可以让氧气自由地进入和流出。

在不同的弯曲情况下，此柔性电池仍能维持稳定。Xu[165]等研究者针对一种可伸展的线型柔性锌空气电池进行分析。该柔性锌空气电池由交叉堆放的 CNT 片层阴极、RuO_2 催化剂、PVA－PEO－KOH 凝胶聚物电解质和锌弹簧阳极组成。对于凝胶电解质进行制备的流程如下：首先，将氢氧化钾溶液加入 PEO 和 PVA 混合物中，在其中加入已经提前准备的锌弹簧，放在冰箱中进行冷冻处理，最后将被电解质包覆的锌弹簧阳极浸入 RuO_2 催化剂浆料中进行滚动贴附 CNTsheets，形成一种柔性的锌空气电池。相较于常规水性电解质，凝胶电解质的润湿性能更差，因此，其界面阻抗在定量研究中显得尤为重要。当阻抗越低时，电势损耗越低，且其特性（放电电压、开路电压等）越理想。

PAA 由于具有储水、吸水和低晶度的特点，是一种极具应用前景的碱性电解质胶凝剂。Zhu[166]等引入 N，Nmethylene－bisacrylamide（MBA）作为交联剂，制备了 PAA－KOH 固态聚合物电解质。结果表明，交联后的 PAA－KOH 薄膜具有较好的力学性能和离子导电性能。聚乙烯醇（PVA）因其在水溶液中良好的溶解性而被用作聚合物宿主。Lewandowski[167]在对凝胶聚合物电解质进行制备的过程中，主要针对 PVA 和氢氧化钾之间的比例进行优化，最佳的凝胶聚合物电解质含量分布为 25%～30% 氢氧化钾，25%～30% 水和 40% PVA，电导率为 10^{-3}～10^{-4} S/cm。Yang[168]等也针对类似的电解质进行相关的制备，其中包含30%的氢氧化钾、30%的PVA和40%的水，以及电导率5×10^{-2} S/cm。与氢氧化钾浸泡的PE/PP和纤维素隔膜相比，它有更大的工作电势窗口（约为2.4 V）。Othmanetal[169]等引入水声催长的凝胶作为胶凝剂。这种凝胶聚合物电解质是由氢氧化钾（质量分数12%）和水声催长凝胶混合而成的。在柔性电解质研究中作为聚合物宿主的聚合物很少。PEO有很好的成膜性能和很好的兼容性。但由于其较高的晶度，导致其离子导电性能受到很大影响。碱基凝胶聚合物电解质的导电性在PAA作为主体的电解质体系中得到极大的提高，但实际操作相对烦琐。水声催长凝胶虽然可以吸水，但是机械性能却不佳。因为PVA中存在的羟基，使得它具有较高的水溶性，且易于制备，从而使其成为一种极具吸引力的聚合物宿主。

3.3.2　液态电解质

电解液是影响可充锌空气电池循环稳定性和寿命的关键因素。在当前的研究和报告中，水性碱性电解液是最常用的。由于铝空气电池在工作过程中会产生白色泥浆状的氢氧化铝沉淀，这些沉淀会附着在空气电极或铝阳极上，从而对反应的进行造成影响，因此可以使用泵式循环电解液。金属燃料电池在实际的运用中通常采用的是中性或者碱性电解液，在同一空气电极采用不同的金属阳极，电解液的差异会对电池造成很大影响，两种电解液都有各自的优点和缺点。

中性电解液通常是使用NaCl作为电解质，它具有成本低廉、有丰富的原料来源等优点，还能降低铝电极的腐蚀速度，从而增加其利用率。但是，经过实验可以发现，当盐溶液作为铝空气电池的电解质时，与碱性电解质相比，它的放电电流以及工作电压都比较弱，同时自身的导电性差、铝阳极表面容易钝化、工作电压较低且滞后，放电产物$Al(OH)_3$胶体会粘附在电极表面，导致电流密度很难进一步提升，因此，这类电池只适合于低功率放电装置。

通常情况下，碱性电解液是以KOH为电解质的，KOH电解质在铝空气电池中可以让电池的性能更加出色，但是在镁空气电池中的作用就不是那么显著了，因为电解液中K^+的回收具有一定的成本，同时对电解槽的有害性等方面考虑，在当前阶段铝空气电池主要采用NaOH溶液，在强碱性溶液中，铝电极表面的钝化膜可以进行溶解，这样可以具备更高的电流密度以及工作电压。尽管在电池放电时，碱性电解质具有更大的电流密度以及较高的放电电压，但碱性溶液是一种腐蚀性很强的物质，铝合金在碱性溶液中也会受到很大腐蚀，如果要进行工业化生产，就会给电解液的制备带来很大不便，除此之外，如果电池出现泄漏，还会对环境和人体造成难以预料的伤害。因此，现在研究的焦点，就是如何通过电解质来减少铝合金在碱性电解质中的侵蚀。本项目拟采用添加有机、无机及复合添加剂的方法，对铝基电极进行改性，使其具有较高的析氢过电势，从而提高铝电极的利用率。

因为锂金属具有很高的活性，所以它很容易与电解液发生腐蚀，导致放电现象，进而影响到电池的正常工作和寿命。所以，电解液的选择对于锂空气电池而言是一个非常重要的问题。锂空气电池电解质主要包括固态电解质、有机 – 水电解液、有机电解质。由于有机电解质在充放电过程中极易分解，很难实现电池的长周期稳定运行。有机 – 水电解液锂空气电池电解质的主要成分是有机相和水相电解液，并使用 LISICON 陶瓷膜将两者进行隔开，这样就可以防止放电产物堵塞空气电极通道，造成放电容量下降，这一设计是 Visco 等首先提出的，他们是以金属锂为阳极，$Li_{1+x}Al_xTi_{2-x}(PO_4)_3$ 材料为隔膜，锂空气电池比能量可达 1 917（W·h）/kg[170]。Hiroyoshi Nemoria[171] 等提出以 $Li_{1.3}Al_{0.5}Nb_{0.2}Ti_{1.3}(PO_4)$ 为隔膜设计锂空气电池，这套锂空气电池主要以金属锂为阳极，双氟磺酰亚胺锂 + 乙二醇二甲醚混合溶液为有机相，$Li_{1.3}Al_{0.5}Nb_{0.2}Ti_{1.3}(PO_4)$ 为隔膜，LiCl 和 LiOH 为水相及以 MnO_2 为催化剂的阴极。

当前钠空气电池与锂空气电池相似，所用的电解质主要是采用碳酸酯类以及醚类。KIM[172] 等对不同电解液体系电池的电化学机理和放电产物展开了全面的研究，并进行了比较。他们利用 XRD、FTIR 和 XPS 等方法，发现在碳酸酯类电解液体系中，钠空气电池的充放电机理与锂空气电池相似，电池的放电产物主要为碳酸钠。以 PC 为基础的电解质体系中，采取高活性的 O^{2-}，在其充放电过程中，通过与酯类电解液反应，形成过氧碳酸烷基酯，进而分解为水、二氧化碳；同时，因为 Na – O 化合物具有很强的活性，其与二氧化碳等副产物发生反应，最终形成不可逆的碳酸钠。放电产物碳酸钠的形成也被 KWAK[173] 等和 ZHANG[174] 等所证实。根据以上的研究结果得出，在使用碳酸酯类电解液电池时，Na_2CO_3 是其主要放电产物，并且电解质类型对于其放电产物没有任何影响。

对于醚类电解液体系，KIM 等研究发现当电解液体系处在开放气氛的条件下时，在电池循环过程中四乙二醇二甲基醚（TEGDME）电解液极易分解产生水，他们在电池的主要放电产物 $Na_2O_2·H_2O$ 中检测到少量的 NaOH，这可能是由于 Na_2O_2 与 H_2O 发生反应生成的。电池在充放电循环过程中，由氧气得电子形成的高活性 O^{2-} 容易攻击四乙二醇二甲基醚，生成的高活性过氧醚自由基进一步分解为 H_2O 和 CO_2。同时高活性 O^{2-} 还与 Na^+ 生成

NaO_2，经歧化反应得到 Na_2O_2 和 O_2。因此电池的放电产物为含有少量 NaOH 的 Na_2O_2·H_2O。在其他醚类电解液体系中 Na_2O_2·H_2O 放电产物也得到证实。

电解质是决定电池电化学性能的关键因素。当前，以氧化还原中间产物为基础的电解质添加剂可有效提高金属燃料电池的综合性能。FU 等发现，在醚类电解液中加入可溶的添加剂 [NaI 和 $Fe(C_5H_5)_2$] 作为氧化还原中间体，能够显著增加电池的循环性能，为持续优化电池的循环性能指明了新的发展方向。在醚类电解质中，氧化还原中间体既可起到电子–空位传递媒介的作用，又可显著促进对于放电产物的分解，从而降低电池的充放电电压，对于电池的能量利用率起到提升的作用。

目前，$Na-O_2$ 电池电解质的研究多集中在醚类体系以及碳酸酯体系中，在开放式体系中，碳酸酯电解质很容易被高活性 O^{2-} 破坏，而醚类电解质尽管具有更好的稳定性，但在长循环过程中也会遇到一系列问题。

而离子液体则是一种完全由阴阳离子构成的、在常温或接近常温下（通常低于 100 ℃）呈液态的盐类，它又被称为常温熔盐。相对于常规溶液，离子液体具有三大优势。

（1）由于大部分离子液体没有质子，使得其作为金属阳极不会产生析氢副反应，也不会产生腐蚀，因此能够有效地提高阳极能量转换效率。以色列科学研究所的 Ein - Eli 团队在试验中确认，采用 EMI(HF)2.3F(1–乙基–3–甲基咪唑低聚氢氟化物) 离子液体作为硅空气电池的电解质时，硅阳极的自放电速度以及腐蚀速度都是无法测量的，这种系统的电池具有很好的环境适应性，能够在较长的一段时间内维持 1.0~1.2 V 的平均工作电压。近期，他们通过线性极化实验对于金属铝在此电解液中点腐蚀进行研究，发现其在 EMI(HF)2.3F 下金属铝非常稳定，且腐蚀电流可忽略不计。Revel 等在 EMICl（1–乙基–3–甲基咪唑氯盐)/$AlCl_3$ 中也发现，不论电解液是中性、酸性还是碱性，与水溶液体系相比，金属铝的腐蚀电流都在不断降低。

（2）高温稳定，蒸汽压极小，能有效地解决电解液干燥的问题。日本东芝公司的 Kuboki 等制备了 5 种咪唑类具有高电导率的离子液体，并就温度对锂空气电池中放电特性的影响进行了研究。实验表明，使用 EMITFSI [$TFSI^-$：二（三氟甲基磺酰）亚胺] 制备的锂空气电池能在 100 ℃ 下开展稳定的工作，且不会出现电解液干燥的状况。

（3）通过拓宽电化学窗口，可以在室温下得到比析氢反应电极电位更负的阴极金属，如铝、镁等，为活泼金属空气二次电池的实现奠定基础。在 $AlCl_3$/BMIMCl（$BMIM^+$：1–丁基–3–甲基咪唑）离子液体中能够实现铝的氧化和还原。美国斯坦福大学 Lin 等于 2015 年 4 月在《自然》杂志上发表的一篇论文，也进一步确认了这种可能。他们在实验开展中以铝为负极，以石墨为正极，以 AlCl₃/EMICl 为电解液，研制出一种可充放电型铝离子电池，从而解决了当前铝电池发展面临的材料瓶颈问题。在经过 7 500 次循环之后，该电池的放电容量没有出现衰减，已经大大超过一般的锂电池。这一研究的成功实施将为铝空气二次电池的发展奠定坚实的理论基础。

离子液体具有优异的导电性、易回收、无毒等特点，是一种极具应用前景的新型电解液，在金属燃料电池体系中运用离子液体当做电解液，可望突破常规溶液体系的技术瓶颈，成为一项具有重要应用前景的新型绿色技术。

自从 Kuboki 课题组在 2005 年将离子液体应用到锂空气电池中以来，在目前的研究发展中，可以检索到的文献研究集中在铝空气电池（稍有触及）、锂空气电池，锌、镁、硅、钠等非锂金属燃料电池方面。所涉及的离子液体主要包括两种类型，一种是疏水性的，另一种是亲水性的。以金属负极种类的差异为依据，系统地论述了离子液体在锂、锌、镁、铝、钠和硅等 6 种空气电池中的研究，对当前的研究困境进行总结，并对之后的研究方向进行确定。

目前已有的研究主要是以铝空气电池作为一次电池形式进行的，近年来，有关铝空气电池从一次电池向二次电池的转换研究已经有了一些进展。Revel R 等介绍了一种以离子液体电解质为基础的铝空气二次电池。使用 EMIMCL AlCl₃ 室温离子液体（RTIL）作为电解质和铝作为负极的铝空气电池，其具有极低的自放电率，与此同时，铝空气电池拥有相对高的电流密度（高达 0.6 mA/cm²）和平均电压 0.6~0.8 V。

而离子液体在不同金属燃料电池中也有不同的应用，详情如下。

1）锂空气电池

Littauer 是第一个提出锂空气电池定义的人，采用水系电解液，发生的反应如下：

$$2Li + 1/2O_2 + H_2O \longrightarrow 2LiOH \tag{3-1}$$

Abraham 等在 1996 年构造了非水体系的可充电锂空气电池，采用锂金属阳极、碳酸盐基的聚乙二烯二氟化物（PVdF）凝胶电解质和碳基 O₂ 阴极，可能发生两个反应。

$$2Li + O_2 \Longleftrightarrow Li_2O_2 \tag{3-2}$$

$$4Li + O_2 \Longleftrightarrow 2Li_2O \tag{3-3}$$

锂空气电池体系具有现有化学电池体系中最高的理论能量密度，达到 13 200（W·h）/kg。2005 年，Kuboki 课题组将离子液体应用到锂空气电池。他们讨论了咪唑类的 4 种疏水性阴离子对锂空气电池放电性能的影响，阴离子分别为 TFSI⁻、BETI⁻ [双（五氟酰胺 - 乙基砜）]、NF⁻（九氟磺酸）和 PF6⁻（六氟磷酸盐）。研究发现，与其他阴离子型相比，TF-

SI⁻阴离子型离子液体更适宜用作锂空气电池的电解质，EMITFSI 是其中最具潜力的一种。大量的研究发现，除了金属锂负极的腐蚀外，空气中的微量水分也会对电池的循环性能造成很大的负面影响。目前，疏水型离子液体已被广泛应用于锂空气电池，其相关研究结果也比较丰富。

在 Kuboki 等关于咪唑类离子液体的理论分析基础上，以清华大学蒲薇华，美国东北大学 Abraham，复旦大学夏永姚、余爱水等人为代表的学者，在此基础上，基于疏水性离子液体在锂空气电池中的应用开展了一系列研究，将阳离子的种类扩展，如吡咯、哌啶、季铵盐等，并探索其结构对于锂空气电池的放电特性的影响。

加拿大滑铁卢大学 Nazar 研究组于 2015 年成功制备了新型的锂－乙醚衍生螯合离子液体 [(DMDMB)$_2$Li]TFSI（DMDMB⁺：2，3－二甲基－2，3－二甲氧基丁烷），并在锂空气电池中进行成功的运用。研究发现，在此体系中，金属锂具有较高的稳定性，而在体系中加入醚基，可使电解液中的超氧基更加稳定。太原理工大学段东红等曾对季铵盐、哌啶、吡咯、咪唑类 TFSI⁻基离子液体进行研究，发现其中 PYR14TFSI（PYR14⁺：N－甲基－N－丁基吡咯）离子液体中 O_2/O_2^-－电子反应最接近可逆，但在氧还原电化学中咪唑离子液体的稳定性较差，不是锂空气电池的电解质的最佳选择。这个研究组的看法和 Kuboki 所研究得出的结果存在差异，这主要是因为目前关于离子液体在金属燃料电池中的应用还处于初级阶段，所涉及的离子液体类型和数量还很少，而且对其内部的电化学过程还缺乏深入的了解。因此，有必要对各种离子液体中的阴极还原过程、阳极氧化等反应进行系统深入的研究。

随着锂空气电池研究的不断增加和研究的不断深化，金属燃料电池电解液采用单一离子液体的电导率较低，锂离子迁移数较低（<0.12），锂盐溶解度较低，这些都制约了金属燃料电池的充放电速度。将离子液体与其他溶剂混合，可以很好地弥补上述缺点。Ara 等选择了 BMIMTFSI + PYR14TFSI 混合离子液体，其体积比为 80：20，用作锂空气电池的电解液。结果表明，该混合电解液具有较低的电化学阻抗和较小的金属电极极化；测试结果显示，电池的容量可以达到 330（mA·h）/g，在电流密度 0.1 mA/cm² 的条件下，可以进行 50 次的充电和放电循环。Khan 等以二甲基亚砜（DMSO）为基质，将 BMIMBF4、BMIMPF6、BMIMTFSI、BMPyTFSI（BMPy +：1－丁基－3－甲基吡啶）和 BMPTFSI（BMP⁺：1－丁基－1－甲基吡咯）等 5 种疏水型离子液体与其进行分别混合，发现氧的扩散系数以及氧的溶解度比纯的离子液体高，超氧基团可以稳定地存在于复合离子液体的电解液中[156]。

将离子液体与聚合物进行复合，能够得到固态电解液，用于锂空气电池，既可规避液态电解质出现挥发使电池寿命减少的问题，还可以对负极金属锂进行保护，使其不受到腐蚀，适用于长寿命电池。Ye 等利用聚亚乙烯基六氟丙烯（PVDF‒HFP），将PYR14TFSI 离子液体与 PVDF‒HFP 进行复合，制备出了一种能够很容易扩大电池尺寸的准凝胶电解质，并将其用于大规模的设备系统。Zhang 等将离子液体作为添加剂，加入陶瓷固体电解质中，制备出 Li/PEO18LiTFSI/LTAP/PEO18LiTFSI/Li 复合电解质用于锂空气电池，可以有效地减轻金属锂与陶瓷电解质的反应，并且在放置一个月后，电池内阻没有发生显著变化。将 10% 的 $BaTiO_3$ 复合到 $PEO_{18}LiTFSI$ 中可进一步提高电解液的稳定性。

Zhang 等选择具有疏水特性的离子液体复合物 SiO_2 与聚偏氟乙烯‒六氟丙烯，通过加入 Si 生成非晶相，提高电导率，制备出高质量的薄膜电解质。与纯离子液体比较，复合电解质制备的空气电池的放电比容量提高了 50%，在电流密度 $0.02 \ mA/cm^2$ 的条件下，放电比容量为 330 （mA·h）/g，如图 3‒5 所示。

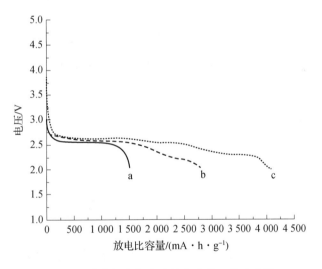

图 3‒5　室温下不同电解液中锂空气电池放电曲线（放电电流：$0.02 \ mA/cm^2$）

尽管基于离子液体的固态电解质性能良好，对锂电极起到了有效的保护作用，但由于其为固体，其固‒固界面的接触电阻比较大，在充放电时易产生裂纹，同时也存在着电极孔洞堵塞的风险。因此，怎样有效地减小界面接触电阻，进而提升其在锂空气电池中的实际应用，是当前迫切需要解决的问题。

2）锌空气电池

1879 年，Maiche 制造出世界上最早的一块中性锌空气电池，它是用一块锌薄做负极，空气正极采用的是铂化的多孔炭，用氯化铵的水溶液作电解质。1932年，把电解质由中性变为碱性，使电池的内阻降低，电导率增加，对电池的性能有很大帮助。目前，在锌空气电池中运用离子液体为电解质的研究尚处于起步阶段。水溶液体系中，氢氧根离子可以分别参与阴阳两极的反应，而在离子液体体系中，这些反应依赖于阴、阳两种离子的性质。

2011年，Lee 等在石墨烯纳米片引入了 N–乙基–N–（3–二甲基氨丙基碳二亚胺甲基碘化物）（EDC）离子液体，配合 MnO_2 的催化下，可使锌空气电池的能量密度达到 $120\ m/cm^2$。2015年，Liu 等研究中发现，氧化锌溶解于 MIMTfO MIMTfO（TfO–：三氟甲基磺酸）的浓度可以达到 2.5 mol/L，将其用于锌空气电池，有望实现大电流密度放电。

研究还发现，锌电化学过程也会受到离子液体中的阴阳离子很大的影响。Xu 等和 Deng 在开展研究工作中发现，Zn/Zn(II)还原反应在 DCA^-–基（DCA^-：二氰胺）类离子液体的电位明显更负于 $TFSI^-$–基离子液体中的电位，因此，在锌空气电池中运用 DCA^- 基离子液体，其能量密度与开路电位更加良好。以离子液体为电解质，可使金属锌发生氧化还原反应，为锌空气二次电池的发展打下了良好的基础。

相关研究者在开展研究的过程中发现，在离子液体电解液中加入添加剂（水和有机溶剂）能够有效地促进电导率的提高，同时使阳极表面微观结构发生改变，进而提升锌空气电池放电性能。Xu 等选取 BMPTFSI 作为电解液，2% 添加剂（水）的加入使锌空气电池能承受的电流密度增大 70%。在此基础上，他们进一步配制了离子液体混合电解液 EMID-CA + 水 + DMSO（1:1.1:2.3）。实验结果表明，锌电极的稳定性和可逆性较纯离子液体均有所改善。2015年，Kar 等研究了添加剂（水）对金属锌在三种季铵类疏水性离子液体（$N_{22(20201)(20201)}$ TFSI、$N_{2(20201)(20201)(20201)}$ TFSI、$N_{222(20201)}$ TFSI）中充放电行为特性的影响规律。研究发现，添加剂（水）的存在能够降低沉积锌的反应活化能，有利于充放电循环。在 $0.1 M Zn(TFSI)2 + N2(20201)(20201)(20201)TFSI +$ 质量分数 2.5% H_2O 电解液中，锌电极充放电循环稳定性最好，如图3–6（a）所示，锌电极充放电750次，电压下降不明显；如图3–6（b）所示，在电流密度为 $0.1\ mA/cm^2$ 条件下，循环充放电600次时，放电曲线仍然保持平滑。

此外，一些报道也指出在常规电解质体系中添加离子液体，以提高锌空气电池的电化学性能。Xu 等将 EMIDCA 离子液体加入 KOH 电解液中，希望能够在更快的电化学反应动力学条件下，对锌电极的形态进行调控，如图3–7所示。

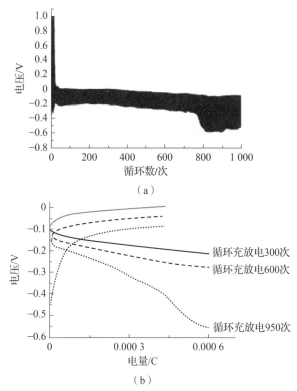

图 3 - 6　锌电极充放电循环实验（电流密度：0.1 mA/cm²；充电时间：10 min；放电时间：7.5 min）

（网络版彩图）

（a）0.1 M Zn(TFSI)₂ + N₂(20201)(20201)(20201) TFSI + 质量分数 2.5% H₂O 充放电 1 000 次；

（b）在 300 次、600 次和 950 次时电量 – 放电电压（黑色）和电量 – 充电电压（红色）曲线图

图 3 - 7　电沉积锌 SEM 图（电流密度：80 mA/cm²）（网络版彩图）

（a）9 M KOH + 质量分数 5% ZnO；（b）9 M KOH + 质量分数 5% ZnO + 质量分数 0.5% EMIDCA

加入离子液体，有利于生成多孔的锌膜，并可抑制锌枝晶的生成。在锌空气电池中引入离子液体，可有效降低因锌枝晶生成导致的击穿隔膜造成的短路风险，提高电池的安全性。与此同时，通过使用离子液体，可以实现 Zn/Zn(Ⅱ)氧化还原反应的可逆，从而可以

得到锌空气二次电池。

3）镁空气电池

镁空气电池是一种绿色、高效的新型能源电池，能够广泛用于移动电子设备、无人驾驶潜艇、海洋水下仪器等。镁空气电池的理论比容量是 2 210（mA·h）/g。电池的反应机制取决于所使用的电解液的特性，在水溶液系统中，电池的主要反应是

$$Mg + 1/2O_2 + H_2O \longrightarrow Mg(OH)_2 \qquad (3-4)$$

在非水体系中电池反应则为

$$Mg + 1/2O_2 \longrightarrow MgO \qquad (3-5)$$

美国通用电气公司于 20 世纪 60 年代开始研究中性镁盐 – 镁 – 空气电池。美国 Westinghouse 公司在 20 世纪 90 年代开发出海水电解质镁空气电池，并对其进行了研究。近年来，国内外学者对镁空气电池进行了大量研究。韩国科学院能源研究所近日成功开发出一种新型镁空气电池，在这种电池的驱动下，能够让电动车行驶达到 800 km。世界上第一辆用镁空气电池的电动车，已完成道路试验。反应的不可逆性、较高的自放电速率、放电产物的惰性等一系列因素都是阻碍镁空气电池容量、性能、效率发展以及完善的主要问题。目前，最有效的方法就是替换现有的水溶性电解液，例如前期研制的可替换水溶性电解液格氏 $RMgX$（R 为脂肪烃基或芳香烃基，X 为卤素 Cl、Br 或 I）或与之相近的四氢呋喃（THF），但其不稳定，限制了其推广使用。离子液体具有蒸汽压低、电化学窗口宽等优点，有望在其基础上进一步提高电解质的电化学性能，从而达到多循环的目的。

2005 年，上海交通大学的 NuLi 等在 BMIBF4 + Mg（CF_3SO_3）_2（CF_3SO_3^-：三氟甲磺酸）离子液体中实现了金属镁的沉积 – 溶解，这对于二次电池的构建开展了数据支撑完善。之后，他们进一步针对沉积的原理以及种类进行研究，并且探讨了在金属镁沉积过程中混合离子液体对其造成的影响。将镁同 Pt、Ni 和不锈钢基体进行对比可以发现，镁只能在 Ag 基底上形成镁膜，实现沉积过程的可逆；在混合离子液体 BMIMBF^{4+} PP_{13} TFSI（PP$_{13}^+$：N – 甲基 – N – 丙基哌啶）中，金属镁的起始沉积/溶出过电位低于单一离子液体体系，且过电位随着 BMIMBF_4 含量的增加而降低，在 $V_{BMIMBF4}:V_{PP13TFSI} = 4:1$ 的混合体系中最低，可逆循环超过 200 次，如图 3 – 8 所示。

Endres 研究组及马梅彦等在前期研究中发现，阳离子在三氟甲基磺酸镁电沉积中不适合采用咪唑型离子液体作为电解液，而吡咯阳离子则适用于多种类型的镁盐电沉积。在此基础上，加入较少剂量的乙二醇 – 二甲醚、碳酸乙烯酯等有机添加剂，能够有效改善离子液体的导电性能，对于金属镁的溶解循环有着很大的促进作用。

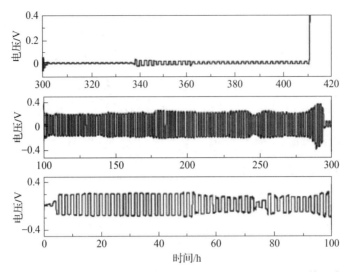

图 3 – 8　在 0.3M Mg(CF3SO3)2 + BMIMBF4 + PP3TFSI 体系中

镁沉积 – 溶解电压随时间变化图（$V_{BMIMBF4}:V_{PP13TFSI}=4:1$）

澳大利亚莫纳什大学 Khoo 等于 2011 年首次在镁空气电池中引入离子液体以便降低镁的腐蚀，从而达到对镁/电解液界面进行稳定的目的，提高了离子液体电解液的电导率，使阳极表面的微观结构发生变化，进一步优化了镁空气电池的放电性能，如图 3 – 9 所示。

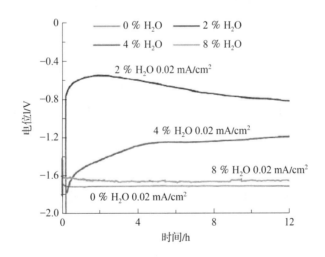

图 3 – 9　在质量分数分别为 0%、2%、4% 和 8%H$_2$O 的 P$_{6,6,6,14}$Cl 电解液中

金属镁电极放电曲线（网络版彩图）

Jia 等选择了一种具有生物兼容性的胆碱硝酸盐离子液体，将其作为电解质嵌于高聚物壳聚糖中，制备了一种具有 300 μm 左右厚度的镁空气电池，该电池可用于小型植入式医疗器械的电源。Yoshimoto 等通过格氏试剂（EtMgBrTHF）当中添加 FSI⁻ 或 FSI⁻

（FSI⁻：三氟甲基磺酰亚胺）阴离子以及季铵阳离子的离子液，可有效地提升锂空气电池的循环性能，降低电解质挥发，并进一步提升电池的库伦效率。

在镁空气电池中，以离子液体为添加剂或者电解质，可以有效地抑制镁负极表面有害钝化膜的生成，提升电池综合性能。但是到目前为止，关于镁空气电池的离子液体体系的文献研究非常少，在镁空气电池的离子液体系中，最优的电解液体系还不是很清楚，还需要对其进行进一步的探究。

4）铝空气电池

铝与镁相似，同等条件下铝空气电池的比能量实际可达 300～400 （W·h）/kg，相对于镁来讲具有较高的比能量，而镁空气电池具有较高的电压。Zaromb 在 1962 年提出了铝空气电池的定义，并对铝空气电池在实际运用中的可行性进行了分析。1976 年，南斯拉夫贝尔格莱德大学的 Despić 等在铝空气电池的研究过程中首次运用了中性电解液，并于 1979 年针对铝空气电池驱动电动汽车进行研究，该电动汽车的动力系统主要是以盐和海水作为电解质的铝空气电池。科研工作者历经 50 余年的研究，采用的电解液主要有碱性和中性两种水溶液体系。在氯铝酸盐离子液体中添加微量的有机溶剂能够促进金属铝的氧化还原反应。Xia 等通过添加二氯甲烷（DCM）或 1，2 - 二氯乙烷（DCE）到三乙胺盐酸盐(Et₃NHCl)/AlCl₃ 离子液体中，测得由金属铝为阳极构成的电池放电容量为 113.64 （mA·h）/g，与纯离子液体的 85.23 （mA·h）/g 相比，具有很大的提升。在 40 次电池的充放电循环后，电池的容量为 104.69 （mA·h）/g，说明电池的循环性能很好。但由于氯铝酸盐离子液体具有很强的吸湿性，在对其使用的过程中需要避免同空气中水分接触，因此进一步扩大铝电化学反应的离子液体的种类，阳离子有咪唑、吡咯和季磷，阴离子主要包括 BF_4^{-1}（四氟硼酸盐）和 TFSI⁻。实验结果显示，离子液体可以有效地防止金属铝电极的腐蚀，并加速铝离子在电解质中的溶解。

离子液体应用于铝空气电池中的报道出现在 2014 年，在前期工作的基础上 Ein - Eli 课题组在铝空气电池的研究中运用了亲水性 EMI(HF)₂.₃F 离子液体，可使电池在 1.5 mA/cm² 的电流密度下保持持续的放电，且具有较高的稳定性，放电容量达到 140 （mA·h）/cm²。文中提出了电池放电的总反应式，但对于空气阴极与铝阳极之间的半电池的反应式尚不明确。另外一篇与铝空气电池相关的报道来自 Revel 等，他们在铝空气电池的研究当中运用了 EMICl/AlCl₃ 酸性电解液，测得电池电流密度能达到 0.06 mA/cm²，平均电压为 0.6～0.8 V。因为 AlCl₄⁻ 阴离子在空气电极较大的过电压下会发生分解，其产物氯气会导致电池内压上升，空气电极裂口，而且在电解液体系中存在游离的 F⁻、Cl⁻

离子，它们很可能在催化剂表面进行吸附，对于阴极反应的进行产生阻碍。所以提升铝空气电池性能的关键在于如何有效地降低电极的极化电压，研究出更稳定的电解液体系。

5）钠空气电池

Na 是地球上除 Li 之外最轻的一种元素，其在地壳中的含量为 2.3% ~ 2.8%。Peled 等在 2011 年首次提出以液态钠替代金属锂阳极，并在高温（97.8 ℃）条件下针对钠在聚合物电解质中的沉积溶解进行研究，验证了液态钠 – 氧电池在实际运用中的可行性。

在离子液体中，对钠的氧化还原反应的研究主要是以氯铝酸盐离子液体为主，而对钠空气电池充放电的研究主要集中在 $TFSI^-$ 基疏水性离子液体，所使用的阳离子是吡咯、咪唑和吡啶。金属钠在 $PYR_{14}TFSI + 0.5MNaCF_3SO_3 + 0.1MNa_2SO_4$ 电解液中会形成固体电解质界面膜（SEI），这层界面膜可以防止金属钠的腐蚀，进而显著提升空气电池的能量效率。由于离子液体中的蒸气压力很小，所以钠空气电池可以在 105 ℃ 的温度下运行，且熔融钠降低了表面张力，防止了枝晶的生长，但是钠空气电池的放电机理以及放电产物尚不明确。

Archer 等将 EMIMTFSI 离子液体用于钠空气（CO_2 和 O_2 混合气体）电池中，并将其与有机溶液电解质作了对比。试验结果显示，$Na/0.75MNaCF_3SO_3 + EMIMTFSI/CO_2 + O_2$（40% CO_2）和 $Na/1MNaClO_4 +$ 四乙二醇二甲醚$/CO_2 + O_2$（63% CO_2）体系在 70 mA/g 放电电流下的放电容量分别为 3 500（mA·h）/g 及 2 882（mA·h）/g。红外谱图分析以及 X 射线衍射（XRD）的结果显示，在离子液体体系中，放电产物主要为草酸钠，而在有机体系中，主要为碳酸钠和草酸钠。最近，中国科学院上海陶瓷研究所 Zhao 和 Guo 等在钠空气电池中使用了 $PP_{13}TFSI$ 离子液体。在放电电流密度为 0.05 mA/cm² 时，放电容量能达到约 2 730（mA·h）/g，如图 3 – 10 所示。结合 XRD、拉曼和红外谱图分析，该课题组对 $PP_{13}TFSI - NaCF_3SO_3$ 系统的放电机理进行了研究，如图 3 – 11 所示。在固体放电产物中，NaO_2 占 38.5%，其他产物分别为氢氧化钠、羧酸钠、碳酸钠等。$Na_2O_2 \cdot 2H_2O$、过氧化钠（Na_2O_2）、超氧化钠（NaO_2）、氢氧化钠（NaOH）等均可以是钠空气电池中的放电产物。钠与锂的物理化学性质相似，但其与氧气的电化学反应存在较大差异：NaO_2 相对于 LiO_2 更加稳定。尽管在热力学上倾向于生成 Na_2O_2，但动力学上更倾向于生成 NaO_2。放电产物为 NaO_2 的钠空气电池的优点为具有高能量、低过电势，但其热力学稳定性不高，形成机制仍不明确。但是，钠与氧结合形成过氧化物的反应可逆性比锂与氧更大，因此，钠空气电池具有高的稳定性，电压损失小的特点，值得进行进一步的探究开发。

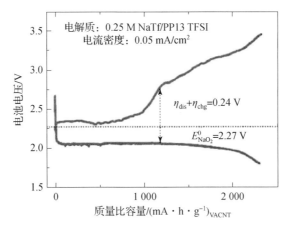

电解质：0.25 M NaTf/PP13 TFSI
电流密度：0.05 mA/cm^2
$\eta_{dis}+\eta_{chg}$=0.24 V
$E^0_{NaO_2}$=2.27 V
电池电压/V
3.5
3.0
2.5
2.0
1.5
0
1 000
2 000
质量比容量/(mA · h · g^{-1})$_{VACNT}$

图 3-10　Na/PP_{13}TFSI-$NaCF_3SO_3$/O_2 电池在 0.05 mA/cm^2 放电电流密度下电池第一次充放电曲线（电压范围为 1.8~3.45 V，温度为 60 ℃）（网络版彩图）

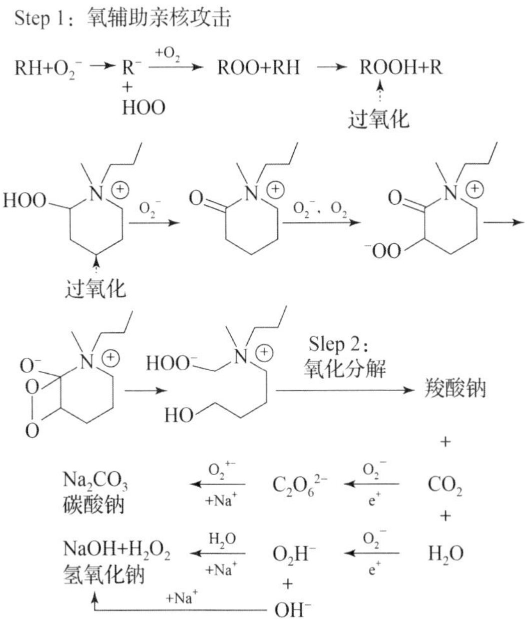

Step 1：氧辅助亲核攻击
RH+O_2^- → R^- + HOO
+O_2
ROO+RH → ROOH+R
过氧化
HOO
O_2^-
O
O_2^-，O_2
O
$^-$OO
过氧化
O^-
O
O
HOO$^-$
HO
Slep 2：
氧化分解
羧酸钠
+
Na_2CO_3
碳酸钠
$O_2^{\cdot-}$
+Na^+
$C_2O_6^{2-}$
O_2^-
e^+
CO_2
+
NaOH+H_2O_2
氢氧化钠
H_2O
+Na^+
O_2H^-
+
OH^-
O_2^-
e^+
H_2O
+Na^+

图 3-11　在 PP_{13}TFSI-$NaCF_3SO_3$ 体系中放电过程反应机理（其中第一步中 RH 代表 PP_{13}^+阳离子和在咪唑环旁 α-碳上的氢）（网络版彩图）

6）硅空气电池

硅空气电池的理论容量为 3 822（mA · h）/g，与锂空气电池理论容量［3 860（mA · h）/g］基本一致。然而硅电极与锂电极相比，暴露在环境中对于环境是没有危害的，其放电产物二氧化硅无须特别的处理，半导体硅阳极材料的安全性和成本都优于锂，因此，其在电动汽车领域的应用前景更加广阔。

在硅空气电池中，由于碱性电解质具有优良的离子导电性能，使氧能够平稳地被还原。然而，其系统也存在着硅电极钝化、低电压等问题。Ein – Eli 课题组提出了一种新的思路，即利用离子液体为电解液来解决钝化以及自腐蚀现象。采用 $EMI(HF)_{2.3}F$ 离子液体作为硅空气电池的电解质，通过验证，确认了其腐蚀率、自放电率等基本无法测量，并采用多种手段，对其放电机制进行进一步探讨，发现其放电终止最主要的原因是硅电极界面具有很大的阻抗。基于上述结果，研究组将通过向离子液体中加入微量水，或者与高分子材料结合形成凝胶型电解质，来实现对硅基空气电池的性能优化。

通过进一步的实验研究得出，添加 15vol% 水分，可以降低空气电极上放电产物 SiO_2 的积累，进而使电池放电容量提升约 40%，从 53.4 $(mA \cdot h)/cm^2$ 提高到 72.5 $(mA \cdot h)/cm^2$。由于凝胶电解质具有形状灵活、高安全性和机械稳定性等固态结构的特点，在硅空气电池中运用凝胶电解质将有效地提升电池的综合性能。他们选取甲基丙烯酸羟乙酯的聚合物与 $EMI(HF)_{2.3}F$ 混合，结果显示，当聚合物与离子液体摩尔比为 7 : 3 时，在放电电流密度为 0.1 $(mA \cdot h)/cm^2$ 的条件下，放电电压超过 0.6 V 可持续 850 h。同样的离子液体复合 2 – 羟基乙酯甲基丙烯酸（HEMA）聚合物基体得到的凝胶电解液，其电化学窗口从纯离子液体的 3.2 V 拓宽到 3.5 V，电导率最大能达到 0.023 S/cm，可用于硅空气电池。当前，对于硅空气电池离子液体的研究主要集中在 $EMI(HF)_{2.3}F$ 的研究上，虽然该离子液体的运用能够解决硅阳极自放电、腐蚀等问题，但是因为该离子液体存在氟离子，也会导致常用的 MnO_2 催化剂转变成为 MnF_2，进而造成催化活性的丧失。此外，氟化物也有化学安全性问题，同时成本较高，因此想要选择适合于硅空气电池的电解质，首先要做的就是扩大离子液体种类的研究范围[175]。

7）展望

离子液体在电化学、催化、分离等领域具有广阔的应用前景，它为反应体系的构建提供了全新的反应环境，并可能在工艺创新等方面产生新的理论和技术突破。在之后的发展中，离子液体在金属燃料电池方面的运用是实现安全、高效、廉价、清洁的金属电池产品的一个重要研究方向[156]。

3.4　电池制备方法

3.4.1　负极制备方法

金属电极的制备方法主要有以下几种：

（1）粉末干压式：将金属粉末、乙醇、聚四氟乙烯等按照一定比例混合均匀，在模具中与集流网直接干压成型。

（2）金属膏状电极：按照一定比例将混合金属粉末、催化剂、黏结剂制备成膏状，均匀涂覆在集流体上，将预备好的电极片在一定压力值下进行加压成型，之后进行真空干燥，冷却后得到所需样品。

（3）涂覆辊压法：金属粉末等电极材料按照一定比例混合，加入分散剂超声分散，再添加黏结剂搅拌均匀，使混合浆料成油墨状，在滚动机上反复辊压成膜[109]。

以下以铁阳极举例：

（1）铁阳极的制备。剪裁 2 cm×2.5 cm 的铁金属片，采用点焊机将其与适当长度的铁丝焊接组合成铁阳极。

（2）翅片空气阴极的制备。剪裁一定尺寸的镍片，采用点焊机焊接成翅片空气阴极。该电极翅片区域与水平方向呈 90°夹角，电极底部等间距打直径约为 1 mm 的圆孔。

负载泡沫镍的翅片电极：将泡沫镍压成薄片，剪裁成一定尺寸，负载到上述电极的翅片上及底部。

如图 3-12 所示为翅片空气电极与铁电极结构示意图。

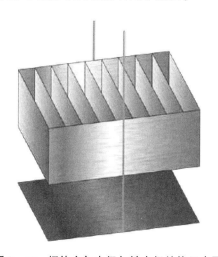

图 3-12　翅片空气电极与铁电极结构示意图

3.4.2　正极制备方法

1. 实验仪器

实验仪器如表 3-2 所示。

表 3 – 2　实验仪器

仪器名称	生产厂家	型号
电子天平	奥豪斯仪器	AX224ZH/E
超声清洗机	上海科导超声仪器	SK7200HP
振荡水浴锅	常州诺基仪器	SHZ—A
涂覆机	山东中仪	ZY – TB – B
粉末压片机	天津科器	769YP – 24B
电池内阻测试仪	正念	RC3562
干燥箱	上海听仪	DHG9053
程控负载	贝奇科技	XY – GZ – DR
磁力搅拌器	北京大龙	MSH280
3D 打印机	科技尔沃	A8

2. 实验试剂

实验试剂如表 3 – 3 所示。

表 3 – 3　实验试剂

试剂名称	生产厂家	规格
氧化锰（MnO）	国药试剂	分析纯
活性炭	国药试剂	分析纯
导电炭黑	国药试剂	分析纯
聚四氟乙烯乳液（PTFE）	东展塑胶有限公司	60%
泡沫镍	长沙力源新材料	95%
氢氧化钾（KOH）	国药试剂	分析纯
氯化钠（NaCl）	国药试剂	分析纯

3. 空气电极材料性能分析

1）催化材料

空气电极所发生的氧化还原反应由于动力学过程缓慢，严重影响了电池的整体性能。

为加速反应、减小电极极化、提高能量密度，需要开发高性能的氧还原催化剂来降低氧还原的电化学极化。催化剂应符合下列几项条件：

（1）对氧的还原反应具有良好的催化活性。

（2）良好的导电性和耐腐蚀性。

（3）较大的比表面积。

2）导电剂

导电剂是空气电极片中关键材料之一，其存在于出水扩散层和催化层中，尽管其含量很低，却对电池的放电性能起着决定性作用。在电极片中，导电剂的主要用途是对电子的收集和传递，通常情况下，导电剂拥有足够大的比表面积，它位于活性炭和催化剂之间，能够使电极片的电导率以及电子移动速率提升，降低电极的接触电阻。同时，还能增强电极材料中参与反应的离子的移动率，使电池的放电效率得到提升。同时，利用导电剂的微结构特性，提高了空气电极的可加工性，增强了液体在电极表面的浸润，减小了电池极化，延长了电池极片的寿命。

通常使用的导电剂材料主要有以下几种：电石墨 KS－6、科琴黑、导电炭黑 super－P、导单（双）壁碳纳米管和石墨烯等材料，但其选择多是基于经验型，缺乏对每种材料的系统研究。在选择导电剂时，以其粒径大小、吸油值和比表面积等性能参数为主要依据，通常而言，粒径越小，导电剂的表面积就越大，这对提高电池浆料的流变特性有较大的帮助。

从经济、实用的角度出发，本实验室选择了超磷导电炭黑作为导电剂。从扫描电镜的结果来看，所用的石墨以及活性炭微观呈现片层状，但是炭黑的粒径更小，为蓬松的粉状，所以炭黑的比表面积更大，制作成电极片后，在放电时，它的导电能力更强，但是，由于它在催化层中所占的比例不能太大，否则电极表面在电解液的浸泡中容易发生膨胀，导致空气电极失效。另外，由于活性炭具有更好的吸附性，因此在催化层和扩散层中，活性炭的掺杂能够吸收空气中参与还原反应的氧气。

4. 空气电极制备

1）空气电极制备流程

制备空气电极的方法主要有滚压法、冲压法、溅射法和丝网印刷法。其中滚压法比较常用。空气电极的常规制备流程如图 3－13 所示。

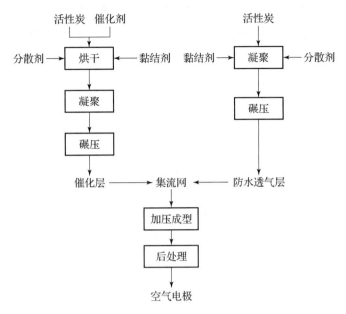

图 3-13　空气电极的常规制备流程

2）具体实施方式

按照特定的比例，对导电炭黑、MnO_2、活性炭等活性物质催化剂进行称取，首先将这几种材料的粉末混合均匀，然后添加无水乙醇使其分散，在对其进行搅拌均匀后，利用超声波分散，然后开展磁力搅拌，一边搅拌一边滴加 PTFE 乳液，直到浆料变成糊状，在特定的温度下，把糊状浆料置于水浴锅水浴然后拿出来，用玻璃棒进行搅动，直到形成胶团状。裁取适当尺寸的镍网，在镍网的一侧上涂所制备的催化层浆料，在镍网另外一侧涂防水扩散层浆料，用粉末压片机对电极片加压之后干燥，得到最终的空气电极。

传统 SP 碳正极的制备方法如下：将质量分数 80% 导电炭黑（SuperP）和质量分数 20% 锂化 Nafion 混合后加入氮甲基吡咯烷酮（NMP）磨成浆料，之后将磨好的浆料涂覆在碳纸的集流体上，80 ℃真空烘干 12 h 除去 NMP 待用。

5. 举例

1）PtRuCu/CuNN/CuF 自支撑双功能正极的制备

如图 3-14 所示为自支撑 PtRuCu/CuNN/CuF 电极的制备过程，从图中可以看出，整个制备过程主要包括原位氧化、原位还原、取代、合金化 4 个过程。首先，将泡沫 Cu（CuF）浸没在 0.1 ~ 0.5 mol/L（NH_4）$_2S_2O_8$ 和 1 ~ 5 mol/L NaOH 混合溶液中一段时间后取出，用蒸馏水洗涤、干燥，得到 CuF 上生长的 Cu(OH)$_2$ 纳米针（Cu(OH)$_2$NN/CuF）。然后，于 Ar-H_2 混合气氛中 400 ~ 500 ℃下热处理 5 h，得到泡沫 Cu 上生长的 Cu 纳米针

（CuNN/CuF）。之后将 CuNN/CuF 置于等体积 4 mmol/L K_2PtCl_6 和 4 mmol/L $RuCl_3$ 的混合液中，40 ℃水浴中恒温放置 20 min，取出样品，用水和乙醇多次洗涤至洗液中无残留的氯离子存在，于 70 ℃下烘干 2 h，Ru - Pt 合金均匀地沉积在 CuNN/CuF 表面然后于 Ar - H_2 混合气氛中 300~500 ℃下热处理 5 h，通过高温下 Ru - Pt 合金层和 CuNN/CuF 表面间的快速原子扩散得到 CuNN/CuF 表面上沉积的 PtRuCu 合金（PtRuCu/CuNN/CuF）[134]。

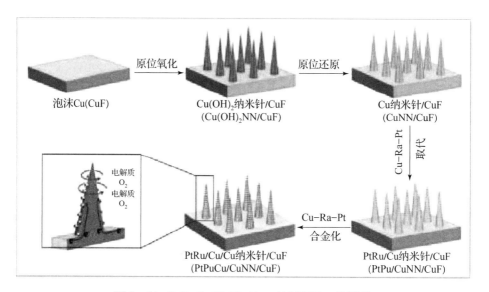

图 3 - 14 **PtRuCu/CuNN/CuF 的制备及工作原理**

2）PdNi/NiNF 自支撑正极的制备

PdNi/NiNF 自支撑电极的合成示意图如图 3 - 15 所示，主要包括以下步骤：

（1）将 1 g PVP（Aldrich，平均分子量 = 1 300 000）与 6 mL 二甲基甲酰胺（DMF）混合，磁搅拌 2 h，确保 PVP 溶解。

（2）将 1~3 g $Ni(Ac)_2$ 加入溶液中搅拌 5 h，得到 $PVP/Ni(Ac)_2$ 前驱液。

（3）将前驱体溶液转移到塑料注射器中，在恒定流速为 1.0 mL/h 的不锈钢针头上，施加 20 kV 的高压，接收器与针头顶端间隔 15 cm，射流受到静电力的拉伸，带电纤维被沉积在铝箔收集器上。收集到的纳米纤维（$PVP/Ni(Ac)_2NF$）先在 80 ℃下真空烘干 4 h，然后在空气中 500 ℃加热 2 h，最后在氩 - 氢混合气氛下 500 ℃煅烧 5 h，获得镍无纺布（NiNF）。

（4）将 NiNF 浸入 1 mmol/L K_2PdCl_4 中置换 Ni 进行 Pd 沉积，最后在高温（400~600 ℃）下实现 Pd 覆盖物和 NiNF 表面之间的原子扩散，形成 PdNi 合金，最终获得 PdNi/NiNF 正极。

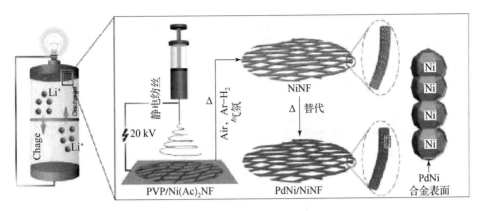

图 3 – 15　PdNi/NiNF 自支撑电极的合成示意图

3）PdCu/CuNAs/CuTF 自支撑正极的制备

PdCu/CuNAs/CuTF 电极的合成及工作机理示意图如图 3 – 16 所示，主要包括以下步骤：

（1）采用物理气相沉积（PVD）方法，在三聚氰胺泡沫海绵（MF）表面均匀沉积铜膜。沉积前，将纯度为 99.9%（质量分数）的铜放入 Mo 坩埚中，作为电子束蒸发器的插入物；基质 MF 置于真空系统中，用卤素灯在真空中加热至 100 ℃，采用电子束沉积法制备铜薄膜。衬底与 Mo 之间的距离为 20~30 cm，沉积过程中压力为 6×10^{-4} Pa，当 MF 达到 100 ℃时，电子束被聚焦到 Cu 上，薄膜厚度由薄膜石英晶体厚度监测器精确控制，当沉积速率达到 0.5~2.0 nm/s 时，制备铜薄膜。采用相同的原材料沉积了 400 nm 和 1 000 nm 厚度的薄膜。

（2）将 Cu/MF 在空气气氛下 500 ℃加热 5 h，去除 MF，形成铜管状泡沫（CuTF）。

（3）将洗涤后的 CuTF 浸在 0.2 mol/L 的 $(NH_4)_2S_2O_8$ 和 2.5 mol/L 的 NaOH 混合溶液中，在给定的反应时间后，从溶液中取出样品，用去离子水冲洗三次，在空气中干燥，得到了均匀覆盖在 CuTF 基底上的蓝色 $Cu(OH)_2$ 纳米针阵列（$Cu(OH)_2$NAs/CuTF）。

（4）将 $Cu(OH)_2$NAs/CuTF 样品在 70 ℃真空干燥 1 h，在 400~500 ℃氩 – 氢气氛下加热 5 h，得到 CuTF 上的 Cu 纳米针阵列（CuNAs/CuTF）。

（5）通过氧化还原置换将适量的 Pd 均匀地沉积在 CuNAs/CuTF 表面。将 CuNAs/CuTF 浸在 0.1 mol/L HClO₄ 和 1 mmol/L K_2PdCl_4 混合溶液中置换铜，进行 Pd 沉积。在一定的温度、浓度和（或）置换反应时间下，可有效控制 Pd 的沉积量。

（6）在较高的温度（400~600 ℃）下，Pd 包覆层与 CuNAs/CuTF 表面快速原子扩散形成 PdCu 合金，最终得到自支撑 PdCu/CuNAs/CuTF 正极。

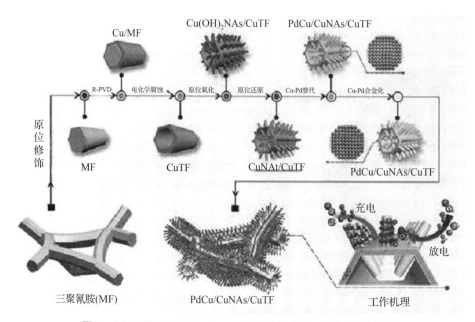

图 3 – 16   PdCu/CuNAs/CuTF 电极的合成及工作机理示意图

4）PtRuNi/NiNS/NiS 自支撑空气正极的制备

将上述制备的 Ni 海绵置于 50 mL 的聚四氟乙烯高压釜中，向其中加入 40 mL 含有 0.25 g Ni(NO$_3$)$_2$·6H$_2$O、0.1 g CO(NH$_2$)$_2$ 的溶液，密封后置于烘箱中，180 ℃下烘烤 5 ~ 15 h，冷却至室温，蒸馏水、乙醇洗涤，80 ℃干燥 6 h，制得 Ni(OH)$_2$ 纳米片/Ni 海绵（Ni(OH)$_2$/NiS），后将之置于 Ar – H$_2$ 混合气氛中 400 ℃下热处理 5 h 得到 Ni 纳米片/Ni 海绵（NiNS/NiS）。将 NiNS/NiS 置于 2 mmol/L RuCl$_3$ 和 2 mmol/L K$_2$PtCl$_6$，混合溶液中 40 ℃水浴下热处理 20 min，取出样品，乙醇、蒸馏水洗涤，70 ℃下干燥 2 h 得到 NiNS/NiS 表面沉积的 PtRu 合金层，将最终干燥的样品于 Ar – H$_2$ 混合气氛中 300 ~ 500 ℃下热处理 5 h，通过 Ru – Pt 层和 NiNS/NiS 表面的快速原子扩散制得 NiNS/NiS 表面沉积的 PtRuNi 三元合金层（PtRuNi/NiNS/NiS），如图 3 – 17 所示。除了合金化过程中采用的相应金属盐溶液有差别外，PtNi/NiNS/NiS、RuNi/NiNS/NiS 的制备过程与 PtRuNi/NiNS/NiS 相似。

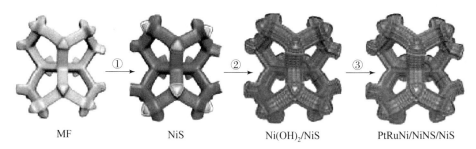

图 3 – 17   PtRuNi/NiNS/NiS 的合成示意图

5） FeNi@ N – C 纳米材料的制备

烧结法制备了 FeNi@ N – C 纳米材料。将 $NiCl_2 \cdot 6H_2O$、$FeCl_3 \cdot 6H_2O$ (Fe：Ni = 4：1，1：1，1：4) 和 2 g $C_2H_4N_4$ 加入 30 mL 乙醇中。然后，将混合均匀的溶液放入恒温干燥箱中干燥 12 h。将干燥后的前驱物放入管式炉中在 800 ℃下退火 3 h，得到 $Fe_{0.8}Ni_{0.2}$@ N – C、$Fe_{0.5}Ni_{0.5}$@ N – C 和 $Fe_{0.8}Ni_{0.2}$@ N – C。作为对比，用同样的方法合成了 FeNi 合金和 N – C。

6） 静电纺丝技术及其在制备催化剂材料上的应用

碳纤维作为常见的载体，在电化学能源领域中有着很大的优越性。高比表面积、高比模量、高强度、良好的柔性以及优异的机械性能等特点，使其成为未来可穿戴器件的理想材料。由于其具有许多缺陷和表面官能团，所以很容易对碳纳米纤维的表面进行修饰，有利于电化学系统中的界面反应以及电荷存储。作为一种碳材料，碳纳米纤维的电子传导能力非常优异，并且其具有可调节的表面性能、良好的机械性能和柔韧性等而被广泛用作负载过渡金属来充当催化剂，并且其本身也有一定的催化性能。静电纺丝法是一种最常见的一维碳纳米材料制备方法，得到的一维高分子纤维经高温处理后可转变成碳纤维。

静电纺丝技术可实现碳纳米纤维的快速、规模化制备。采用静电纺丝法制备碳纳米纤维的过程如下：首先选取适宜的碳源前驱体，在适当的工艺条件下，采用静电纺丝法制备聚合物纳米纤维。在适当的温度下，对其进行预氧化、碳化，得到碳纳米纤维。由于前驱体种类以及设置的参数不同，制备出的碳纳米纤维在形态、强度、孔隙率、化学组成、掺杂性能等方面均有显著差异。因此，前驱体的选择和静电纺丝参数已成为影响电纺碳纳米纤维的重要因素。

Wang 等报道了利用静电纺丝技术制备氮掺杂的薄壁 CuO_2O_4@ C 纳米管，如图 3 – 18 所示，并将其作为锌空气电池的双功能氧电催化剂。组装的锌空气电池显示出低的放电充电电压间隙和长的循环寿命。CuO_2O_4@ C 具有自身独特的结构，该结构具有多种优势：其丰富的孔道保证了更多的氢氧根离子以及氧气在其中扩散，在催化反应的进行中，双活性比表面增加了活性位点的暴露，一维开放式纳米管之间的连通，使外部电路电子的移动速度加快，并且掺杂氮也有助于氧还原催化。

静电纺丝制备 Co@ N – PCFs 复合材料示意图如图 3 – 19 所示。

7） FeCo@ NC + MOF 的制备

（1）集流体的制备。目前，很多实验室都采用了炭纸、炭布、镍网等作为集流体。金属镍是一种耐腐蚀性好、导电性优异的材料，可满足集流体的要求。

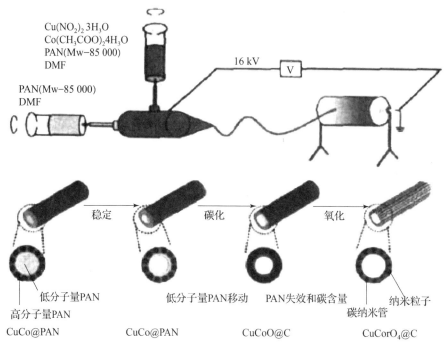

图 3 – 18　静电纺丝制备 CuCo$_2$O$_4$@C 纳米管示意图

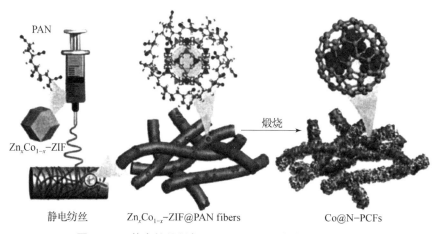

图 3 – 19　静电纺丝制备 Co@N – PCFs 复合材料示意图

（2）防水透气层的制备。活性炭是制备用于空气电极的防水透气膜最常用的碳材料之一，经常采用的黏结剂是 PTFE 乳液，在将 PTFE 乳液以及活性炭混合之前，要先将活性炭进行润湿，由于无水乙醇容易气化且无毒，在成型后方便进行加工，除此之外无水乙醇还有成孔的效果，所以选择采用无水乙醇来润湿活性炭。

（3）催化剂层的制备。将已制备好的纳米纤维膜催化剂裁剪成面积为 1 cm^2 的圆形，然后将裁剪好的纤维膜放到制备好的防水透气膜的另一侧，用电动对辊机进行辊压。与传统浆料催化剂相比，该 3D 自支撑的纤维膜催化剂无须黏结剂，简化了空气电极的制备流程，因为没有黏结剂，增加了电极的导电能力，提高了空气电极的性能，同时减少了空气电极的质量。

结合一维纳米纤维和阵列 MOF 的优势，利用静电纺丝法制备一维聚合物纳米纤维膜，同时将 Co 盐以及 Fe 盐加入纤维组分中，然后在聚合物纤维表面生长阵列状 MOF，之后对其高温热处理，得到具有多级结构的 Fe、Co、N 共掺杂的碳纳米纤维膜，并将其作为双功能氧电催化剂进一步应用于锌空气电池。实验表明，FeCo@ NC + MOF 相对于其他同类产品在应用于锌空气电池时，表现出良好的性能。

FeCo@ NC + MOF 纳米纤维膜的制备流程如图 3 – 20 所示。

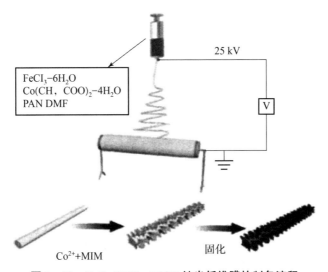

图 3 – 20　FeCo@ NC + MOF 纳米纤维膜的制备流程

3.4.3　电解质制备方法

1. 固态电解质的配制

如在配置柔性锌空气电池固态电解质时，将 5 g 氢氧化钾溶解于 50 mL 水中，待溶液恢复到室温并且溶解均匀之后，将 5 g PVA 加入其中，浸泡 10 ~ 20 min。把它放到一个恒温的磁性搅拌锅里，设定一个温度（90 ℃），然后把它放到一个恒温加热磁力搅拌器中搅拌，设置保温时间为 40 min，温度为 90 ℃。待溶液转变成为淡黄色后取出，立刻在玻璃片上进行转速为 1 500 r/min 旋涂操作，然后放到冰箱中冷冻 2 h，取出后将电解质薄膜从玻璃片上剥离[176]。固态电解质实物展示如图 3 – 21 所示。

图 3-21　固态电解质实物展示

2. 液态电解质的配制

1）纯电解液的配置

实验中所用到的纯离子液体，无论是需要加入电池中以测量充放电曲线还是直接在烧杯中测量其电导率、黏度等物化性质，都是先将待测的最终产物放置在 70 ℃ 的真空干燥的环境下达 10 h 以上。

2）带有添加剂电解液的配置

当需要加入液态添加剂时，采用的方法是在一定量纯离子液体基体的基础上，用移液枪吸取一定量液体添加剂混入其中，再用玻璃棒搅拌均匀。移液枪一次性移取液体的量程为 0~1 000 μL。

当添加固态添加剂时，通常使用天平对其进行称量，首先在烧杯中倒入一定量的离子液体，依照需要配置的溶液浓度提前算出所要加入的金属盐的量，其次用天平进行称取，最后再放入超声仪中超声至达到均匀混合的状态。

3.5　电池辅助系统

在放电时金属燃料电池会产生热量，如果不及时散发，会造成电池内部的温度提升，进而使电解质水溶液挥发，加剧镁阳极板的自腐蚀现象。另外，高温环境还会对空气电极材料排布的稳定性产生影响，如果情况严重，就会产生内部析晶以及空气电极表面脱落的现象，对电池的循环使用寿命造成威胁。另外，在电池放电过程中，阳极上的金属发生了氧化反应，形成了一种氢氧化乳浊状沉淀物以及合金板中含有的杂质。如果电解液一直保持静止，沉淀物和杂质的数量就会越来越多，逐渐堆积在空气电极片的表面和电池外壳的底部，这就会降低空气电极片参与氧化还原反应的有效面积，进而对于电池的整体容量造成影响。此外，如果不能及时地清除附着在空气电极上的沉淀物，将会降低空气电极的使用寿命。若设计了一套温度可控循环冷却壳体结构，就能很好地解决以上问题[109]。

尤其是对于电动汽车来说，车载动力电池的散热特性直接关系到其自身的使用寿命、行车安全性和放电效率。动力电池作为一种高能量、高功率的能量转换装置，其在充放电时，内部的电化学反应将产生巨大的热量。当汽车在条件较为苛刻的工况下行驶时，电池以大电流、高倍率的状态进行能量的输出。这时电池运行中散发出的热量会导致电池温度不断提升，这会对电池的循环使用寿命、总容量、电压、荷电状态、电池内阻等性能产生影响[177]。

所以，如何合理地进行散热系统以及冷却方案的设计，以及如何合理布置冷却结构，是车载动力电池设计的关键。例如，镁空气电池属于机械式充电的液态金属电池，大气中的氧气以及镁板共同构成其燃料源，由各个单体电池进行串并联构成动力电池组，为降低载重，各单体电池的间距应尽量减小。汽车在不同工况下行驶的过程中，由于电池的放电倍率不同，其产热速度也不相同，同时，由于镁空气电池特殊的电化学特性，在反应过程中会形成沉淀物的积聚，使电池难以散热，进而造成电池组工作温度不可控。为保证电池组在充放电过程中具有最优的放电特性并维持较长的放电周期，必须在充放电过程中加入冷却系统，并对其进行热管理，实现电池工作温度的有效控制。因为它的电解液是 NaCl 溶液，所以它的热容比较高，散热也比较好，可以合理地利用 NaCl 电解质溶液将其作为电池水冷系统的冷却液。

3.5.1 冷却系统

在电池组中，通常设置有一个 BMS 管理系统，而其中最为重要的是热管理系统。当电池在高功率的放电过程中，电池内部的温度会急剧上升，因此必须建立一个冷却系统来强制电池的散热。当前在电动汽车电池的冷却方式上，主要有风冷、液冷和热管冷却。

1. 风冷

目前空气冷却方式仍然是主要采用的方法，利用设置在电池组侧的风扇散热，虽然风冷相对简单，但是其冷却效率并不高。

2. 液冷

液冷采用冷却液或者水当做冷却剂，经绕着电池组的循环管道冷却，比空气冷却更有效；液冷技术的另一个优势是，其散热循环管道可同时冷却每个电池，降低电池因温度变化引起的放电量不一致。缺点是液冷系统对电池组的密封要求较高，另外液冷系统还需加装水套、循环泵等附属设备，使整车变得更加笨重。

3. 热管冷却

热管冷却是一种新型的动力电池组冷却方法，满足电池组在高温环境下的散热需求，如果在低温环境下出现难以启动时，可以进行预热。由于具有良好的温度均匀性和快速的响应速度，热管冷却成为目前电池组冷却的一个重要研究方向。但因受结构及体积的限制，至今尚未投入到实际运用中。

目前电动汽车动力电池所采用的冷却方法以风冷为主，但是，市场需求在不断变化，动力电池的能量密度仍然在持续上升，当高能量密度的电池进行大功率放电时，其内部的温度会急剧上升，这时采用风冷的方式难以满足冷却的需要，因此需要与电池的不同工作状态相结合，采用两种或更多的冷却系统，来对电池开展强制散热。

冷却系统不同，其各自对应的冷却组件也存在差异：风冷系统以风机为主要部件，液冷系统以冷却板及液冷管为主要部件。

1）风冷系统组件：冷却风道、风机、电阻丝。风冷系统对分机的选型及风冷通道的排布方式有很高要求，要根据电池的生热速率确定空气的流量。风冷系统的设计要尽可能使各个电池组均匀散热，还要根据电池系统所需的空气流量来选择合理的风机。

2）液冷系统组件：水冷管道、冷却泵、冷却阀、冷却板。相比于风冷系统，液冷系统的散热效果更好。液冷板为该系统主要的散热元件，辅助元件为水冷却泵、冷管道及冷却阀体。在选择液冷板时，首先，需要满足所需求的压降，从而满足各个单体电池冷却液流动的一致性；其次，需要具备较强的抗高压、抗爆炸性能；另外，冷却板在布置于电池组之前，要对其进行振动和冲击载荷测试。

在放电中，针对电解液杂质、温度等因素对电池放电性能的影响分析，制作出可调节温度的循环过滤冷却电池壳体结构，目的是可以让电池组在放电时，对逐渐升高的温度进行降温处理，并可以及时将所产生的沉淀物带走[178]。

3.5.2　循环系统

通过对放电当中电解液杂质以及温度等因素对电池放电性能的影响，设计了一个集成化壳体结构，其具备电池冷却、温度调节、循环过滤等功能，如图 3 - 22 和图 3 - 23 所示。

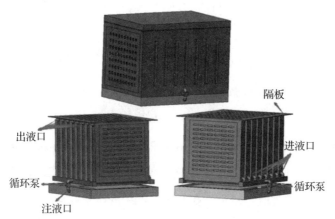

图 3 - 22　温度可控式循环过滤冷却壳体结构总成

图 3 - 23　单体电池壳体结构

从图 3 - 22 可以看出，这个系统除了具备正负极电池组壳体外，还在电解质腔室上方添加了一个隔板，一个设置在整个电池主体之下的集滤盒。如图 3 - 23 所示，进液口以及出液口分别设置在单体电池壳体的上、下侧。在出液口上设有一导流冷管，冷管通过循环泵连接至集滤盒的进液口，在集滤盒的出液口通过循环泵再和导流冷管相连接至进液口。这一装置能够实现将温度调控、循环规律以及冷却结合在一起。

镁空气电池是液态金属燃料电池中的一种，其电解质溶液为 NaCl 液体，具有较大的比热容，因此其温度上升速度比较缓慢，然而，在电池进行大功率放电的过程中温度也会随之大幅上升，再加上生成的 $Mg(OH)_2$ 沉淀聚集，电池内部的温度会急剧上升。如果电池中的温度太高，一方面将会加速镁片的自腐蚀，从而增大电池的内耗；另一方面还会使空气电极的导电物质以及表面的活性物质发生破坏，严重时还会使空气电极表面的材料脱落，造成漏液现象。镁空气电池是一种半封闭结构，当温度上升时，电解液中的溶剂挥发速度会加快，从而降低电解液界面，使能进行电化学反应的有效区域缩小。因此，如何有效地调控镁空气电池的工作状态，是保证其安全性和高效性的关键。

1）工作原理

在电池开始放电之前，将电池系统组装完成后，打开注液口，开启循环泵 1，关闭循环泵 2，给整个电池系统注入电解液，直至电解液充满整个腔室和流动管道，包括布置于下方的集滤盒，然后关闭注液口。当电池开始放电时，起始电流较弱不足以启动循环泵，等到电池放电达到稳定状态时，会发电给循环泵 1、2，循环泵在获得电池的能量之后进行工作，在进出液口位置有温度传感器来控制循环泵的转速。在集滤盒中设有两块液冷板，可使温度较高的液体通过时散发热量。在整个电池组的两端设置了格栅，通过格栅的气流对电池壳体进行降温，同时气流通过格栅与空气电极的防水扩散层相接触，提高了空气电极的吸附容量。

2）温度控制策略

当出液口的温度超过一定值，达到使循环泵的速度发生变化的温度临界值，电池管理系统会接收到这一信号反馈，从而控制加速循环泵的速度，使电解液在管路中快速流动；当出液口的温度降到设定的临界温度以下，循环泵的旋转速度就会下降，此时只需完成电解液过滤作用。温度控制策略如图 3 - 24 所示。

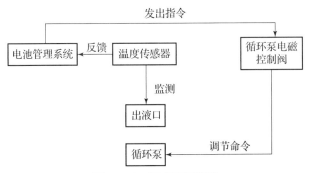

图 3 - 24　温度控制策略

镁空气电池是一次电池，由于电池的不可逆及其电化学特性，在阳极发生氧化反应后，有白色的胶浊状沉淀物产生，其主要为 $Mg(OH)_2$，同时也含镁合金溶解后产生的杂质。在电池放电的过程中，沉淀就会慢慢形成，最初的沉淀是悬浮在电解液中，随着电解液中离子的游动，会呈现出一种半沉淀的状态，悬浮状的沉淀会随着电解液的离子流粘附在正负极表面。如果电解液在不受外力的情况下参与电池反应，那么电解液中的沉淀物会随着放电时间的延长越来越多，过量的乳浊状沉淀物会发生交联，沉淀物质密度会变得越来越大，从而逐渐开始在电池壳体底部发生堆积。粘附在电池表面以及堆积在电池底部的沉淀物会造成电池内阻的增大，使电池损耗增加；同时沉淀物不仅会占用电池参与反应的有效区域，导致电池整体放电容量下降，而且会对空气电极的表面质量造成影响，导致其使用寿命缩短。镁空气电池一次放电结束后电极表面现象如图 3-25 所示。

图 3-25　镁空气电池一次放电结束后电极表面现象

针对上述沉淀物质给电池带来的损害，可设计一种循环过滤系统，能够实时将沉淀物移除电解液壳体。集滤盒结构装置如图 3-26 所示。

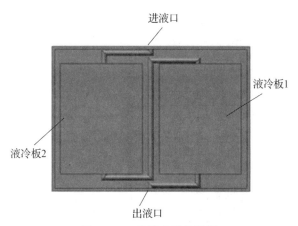

图 3-26　集滤盒结构装置

如图 3-26 所示，两块液冷板放置在集滤盒底部，在液冷板 2 中主要包含活性炭体，在液冷板 1 中布置有软化滤芯，集滤盒的进液口对应电池的出液口，出液口对应着电池的进液口。当电解液通过循环泵流入液冷板 2 中，流经其中的活性炭体时可以将大颗粒杂质粗略过滤，之后经过导流冷管进入液冷板 1 中，经过粗滤的电解液再经过软化滤芯进行细滤，电解液经过两次过滤后再通过循环泵送入电解液腔室。电池完成一次循环放电后，拆卸集滤盒，更换并清洗液冷板中的滤芯和杂质。

金属燃料电池是一种半封闭的电池，一是因为其防水扩散层要暴露在空气中，二是因为在电化学反应时，阳极板由于自身的自腐蚀而产生氢气，所以在电池外壳上面一定要有一个排气口，否则在狭小的空间里会导致过高的压力，从而破坏电池的性能及结构。如果电解液特别是碱性电解液与空气接触，二氧化碳的溶解会导致电解液碳酸化，导致电解液被污染而失去活性。如果不能及时对电解液进行更换，或者采取阻隔措施，那么就会对电池的放电性能产生影响，使电池的总容量下降，严重的话还会导致电池失效。所以，电池的研究方向之一就是防止电解质碳酸化，阻隔大气中的二氧化碳进入电池体系。

3.6 电池组装方法

3.6.1 工艺流程

遵循从"电池结构设计"→"电池关键材料的制备技术研发"→"电池总体制造、评测和应用的集成化"→"电池原型样机"的全流程技术开发，同时，制定和完善技术标准、指标测试评价体系，制订实施方案，制定质量保证体系和应用标准等。工艺流程如图 3 - 27 所示。

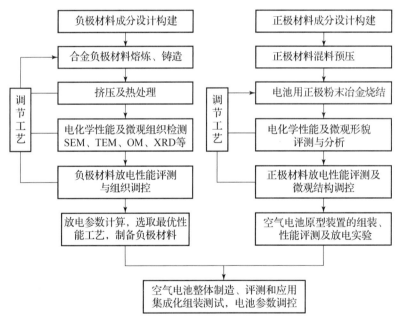

图 3 - 27 工艺流程

3.6.2 应用案例

镁空气电池由电解液、空气电极、镁合金阳极和电池外壳等构成，其模式为半开放式，在充放电时会在自腐蚀作用下产生大量的氢。空气电极用胶装的方式，将空气电极粘附到壳体预留的阴极侧，镁阳极板和空气电极极板间距预留一定距离。

1. 镁合金阳极

本实验采用镁合金板（型号为 ZK60）作为电池负极，尺寸为 75 mm × 75 mm × 4 mm。阳极镁合金（ZK60）板如图 3 – 28 所示。

2. 电解液

镁空气电池的电解质溶液既可以使用盐溶液，也可以使用碱溶液。依照电动汽车输出功率要求，在进行实验的开展中，电池放电输出功率使用盐溶液作为电解质时较大。因此本书采用浓度为 10% 的 NaCl 溶液作为电解质溶液。

3. 电池壳体

在电池壳体的选择过程中，为了减少 NaCl 盐溶液的侵蚀以及防止电池发生短路，使用有机玻璃以及高分子材料作为电池壳体，本章所用壳体为 3D 打印机打印 PLA 材料所得以及亚克力板材料两种。

4. 电池组装

将制备完成的空气电极用环氧树脂胶粘附在壳体空气电极一侧，防水扩散层对着空气，镁板和空气电极之间的距离为 5 mm，注入 NaCl 溶液，如图 3 – 29 所示[109]。

图 3 – 28　阳极镁合金（ZK60）板　　　　图 3 – 29　实验用镁空气电池样件

将所制备自支撑结构的催化剂直接用作金属燃料电池正极，进行金属燃料电池的组装和测试，相关性能测试在 LANDCT2001A 多孔道电池测试系统中进行。

锌空气电池的组装：催化剂电极为空气正极，磨光的锌片为负极，6 mol/L 的 KOH 溶液作为电解液；在可再充锌空气电池性能测试时采用混有 0.2 mol/L 醋酸锌与 6 mol/L KOH 混合溶液作为电解液，以保证 Zn 可逆电化学反应的顺利进行。

采用了常用的 2025 纽扣电池模具，在充满氩气的手套箱中进行锂空气电池的组装。组装顺序为：锂片负极、电解液浸润的玻璃纤维隔膜、空气正极，含有 1 mol/L 三氟甲基磺酸锂的四乙二醇二甲醚为电解液。将组装好的电池从手套箱中取出，放入电池测试箱中进行氧气置换，保证电池最终处于 1 atm（1 atm = 101 325 Pa）的纯氧气氛中。

铁空气电池的组装采用翅片电极作为阴极，铁金属片作为阳极，$Li_{0.87}Na_{0.63}K_{0.50}CO_3$ – NaOH – Fe_2O_3 作为电解质添加剂。电解质及添加剂充分混合后置入直型坩埚中，将坩埚移至加热炉中进行加热，待电解质熔化后，依次将铁阳极和空气阴极安装在坩埚里，组装成熔盐铁空气电池。铁阳极置于坩埚底部，完全被电解质淹没；翅片空气电极底部紧贴在电解质液面，翅片部分完全暴露在空气中。熔盐铁空气电池组装部件及结构示意图如图 3 – 30 所示。

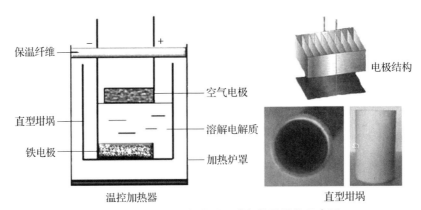

图 3 – 30　熔盐铁空气电池组成部件及结构示意图

第4章　金属燃料电池评价技术

4.1　正极评价技术

4.1.1　防水透气层影响评价

在金属燃料电池中，电催化剂层的外部是气体扩散层，能够与空气进行直接接触。气体扩散层是连接电催化层和外界空气的媒介，同时其对双功能催化剂的性能发挥了关键作用。它有下列基本作用：为催化剂/催化剂层提供物理支撑，均匀地传导氧气进出催化层，防止水进入电池和电解液从电池中流出，为阴极电流收集提供导电载体。为了满足这些功能，气体扩散层应具有薄、轻和高孔隙率的结构特征，以确保氧气最大化的渗透率。Zhu等通过将碳颗粒截留在直径为 $2 \sim 8~\mu m$ 的金属纤维的烧结锁定网络中来制造薄型复合阴极材料，厚度小于 $0.15~mm$，比市售产品薄 $30\% \sim 75\%$。超薄及高度开放的多孔结构极大地提高了三相反应效率，表现出优异的倍率和脉冲性能。

另外，气体扩散层还必须保证其亲疏水性的平衡。疏水作用是为了避免电解质泄漏，并使氧迅速从空气中扩散到催化位点。利用亲水性可润湿微通道从而构建立项的三相反应界面。一般通过调控基体种类及其与疏水聚合物的质量比实现亲水与疏水的平衡。

常用气体扩散层的成分为碳基或金属（网/泡沫）基和疏水性聚合物如氟化聚乙烯（PVDF 或 PTFE）、聚乙烯丙烯；商业购买的无纺碳纸（如 Toray、Freudenberg 和 Sigracet）和碳纤维编织（如 Zoltek、GDL – CT 和 ELATTM）是金属燃料电池中常见的碳基型气体扩散层。双层的结构设计使其可通过大孔径的石墨化碳纤维阵列传输氧气至较薄的微孔层（MPL），然后相对亲水的 MPL（如炭黑）均匀地将氧气分配到整个催化层中。高效的氧气传输策略以及较低的气体扩散层与催化层接触电阻，使金属燃料电池的阴极极化问题得到改善。

在配置了强碱电解液的水系金属燃料电池中，扩散层也必须具备良好的化学稳定性以及电化学氧化稳定性。碳基型气体扩散层容易发生腐蚀反应生成碳酸盐类产物，破坏正极结构并影响碱性电解质活性，不利于金属燃料电池的循环稳定性。为了实现长寿命和多循环，对于强碱性体系，通常采用金属泡沫或网作为基体，配合催化剂以及黏结剂（如PTFE）制备空气电极。经过表面钝化处理，基于金属的气体扩散层在更大的电势范围内可以提供良好的电化学氧化稳定性。镍颗粒用于在单层中提供大孔结构，从而使空气有效扩散到活性催化剂中，它和镍泡沫形成的分级多孔框架避免了碳腐蚀以及可能的电解质泄漏问题。在锌空气电池中，使用此空气电极可在 $17.6 \ mA/cm^2$ 的电流倍率下稳定循环 100多次。一个优良的气体扩散层除了需要满足上述条件以外，如果能够实现对气体具有选择透过性，那么对于水系金属燃料电池来说，将大有裨益。因为强碱性电解液容易与来自空气中的二氧化碳反应形成碳酸盐，消耗电解质堵塞气体孔道，导致电池性能下降，所以关于气体扩散层的气体选择透过性的研究很有必要[179]。

4.1.2　集流层影响评价

空气电极的集流体需要满足三个条件：

（1）优良的导电性能。

（2）良好的耐腐蚀性，在电极工作过程中不参与反应。

（3）低廉的价格。

金属材料可作为直接的导电集流体，将催化层与导电层设计为一体化，在提高电荷输运的同时，防止碳材料在高过电势下发生腐蚀、氧化等问题。因此，空气电极一般采用的是价格比较便宜的镀镍铜网、不锈钢网以及镍网，有些空气电极要想达到更好的电化学活性，会选择采用价格较高的泡沫镍。

这些金属集流体虽然导电性能良好，但是由于其高密度，该类金属材料基底在这一类型的空气电极中所占的比例仍然很大，而另一类集流体/基体材料——碳材料，相对来讲由于其密度小，可以有效地减少空气电极的质量。碳布、碳纸等一些石墨化碳集流体材料，在超级电容器、锂离子电池、锂硫电池中得到广泛的应用，将碳集流体和催化活性物质相结合，就可以制备出一种自支撑的多孔空气电极，从而得到高性能的锌空气电池[180]。

4.1.3　催化层材料影响评价

金属燃料电池是一种将金属（镁、铝、锌、锂等）的化学能直接转化为电能的电化学反应装置，具有高效、安全、环保的特点。然而，阴极氧还原反应（ORR）动力学过程慢、阳极腐蚀析氢等成为制约这类电池性能进一步提升从而实现规模化应用的关键因素。这其中，开发高活性的氧还原反应催化剂成为金属燃料电池的研究热点。提升电催化剂的反应速率以及催化活性，能够通过以下方式进行。

（1）提高既定电极中活性位点的数量，例如通过高比表面积的载体来分散催化剂纳米颗粒、调节催化剂的纳米结构，进而增加单位质量催化剂暴露的活性位点的数量。

（2）采用插层、合金化、掺杂等方法，提高单元活性点的本征催化性能。在这些优化方法中各有侧重，可从多个角度对其进行调节，以达到最大限度提升其催化性能的目的。

催化活性与活性位点的数量在理想情况下表现为线性增长，但实际上，在不影响电荷和物质传输的情况下，催化剂材料在电极上的担载量是具有物理限制的，催化活性与活性位点数量的关系会达到一个趋于稳定的平台。另外，增加催化剂单位活性位点的本征催化活性，减少催化剂在电极上的负载用量，从而缓解电荷及物质传递问题，提高电极催化剂的活性，节约催化剂的成本[3]。

当前，ORR 催化剂主要有以下几种类型：以贵金属和其合金为基础的 ORR 催化剂，如 Pt_3Ni、Au、Pt 等；包括金属氧化物/卤化物/碳化物/氮化物、过渡金属等；石墨炔、石墨稀、碳纳米管等纳米碳基 ORR 催化剂，主要包含杂原子（如 N、P、S）掺杂的碳材料和碳纳米材料。

催化剂不同，其氧化还原反应的反应机制是不一样的，例如过渡金属基材料以及碳纳米材料复合使用的催化剂，更多的是采用两电子氧还原路径，而贵金属基催化剂则是采用四电子氧还原过程。其中，不同过渡金属基 ORR 电催化剂还存在着多种 ORR 催化路径，这取决于其组分和特定的晶体结构，甚至还与实验条件有关。一般而言，氧化还原反应中氧气在金属或金属氧化物表面有三种吸附方式，如图 4-1 所示，分别为 Griffiths 模式、Pauling 模式（也称 end-on 模式）、Yeager 模式（也称为 side-on 模式）。Griffiths 模式中，氧气分子的 π 轨道与金属离子空的 d 轨道横向相互作用，随后 O—O 键被削弱，O—O 键长随之增加。当相互作用力足够强时，则会导致 O—O 键的解吸附，该过程伴随着金属原子还原，催化剂活性位点得以再生。Pauling 模式中，氧分子以 side-on 的形式与催化剂表面形成相互作用力，氧分子的 π 轨道与金属基催化剂空的 d 轨道相互作用，转移部分电荷，形成了一些过氧化物或超氧化物中间产物。Yeager 模式则需要两个吸附位点处金属部分占据的 d 轨道与氧分子的 n 轨道成键。金属或者金属氧化物催化剂表面的氧气吸附模式取决于影响响应活性位点性质的电子结构[181]。

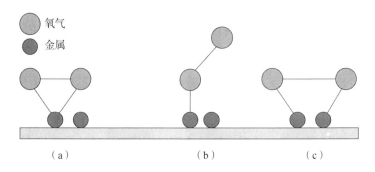

图 4-1　氧气分子与金属或金属氢化物之间互相作用可能的吸附构型

（a）Griffiths 模式；（b）Pauling 模式；（c）Yeager 模式

4.1.4　催化层结构影响评价

高效 ORR 电催化剂的理想条件是：具有均匀分布且密度较高的活性位点，具有更好的催化活性，具有更正的开始电位，具有足够丰富的孔隙结构和高表面积，有利于物质的传递，强化电极反应的动力学过程；稳定的结构可以提高催化剂的化学和机械稳定性，经久耐用；具有较高的比体积活性和质量活性。

由于 ORR 反应动力学缓慢，这一特性是严重制约其实际应用的瓶颈。类似铂等一些贵金属，由于在酸碱电解质中持久性良好，同时具备高活性而被用作催化剂。为了降低成本，能够持续发展，需要找到可以替换或者减少燃料电池铂用量的材料，碳基纳米复合材料受到人们的重点关注。

在电化学免疫传感方面以及在化学催化方面，石墨烯复合纳米材料显示出优异的特性。催化剂材料的催化活性中心能够决定电化学催化剂的催化性，活性位点越多，催化性能越好。而 1D 纳米管、2D 石墨烯、3D 介孔石墨以及多孔碳等碳材料，由于其价格低廉，比表面积大，机械性能和电气性能优异，在恶劣的环境中也能保持良好的稳定性等优点，被广泛作为催化剂的载体运用在实际中，能够将催化剂材料高效分散，且可确保电子的自由转移。作为电化学催化剂的碳基纳米复合材料已经得到广泛的应用。

以锂空气电池放电过程为例，锂空气电池在非水性电解质中的放电产物——过氧化锂在电解质中几乎（或根本）不溶于电解质。所以，它会在正极基体大量地沉淀，而放电产物的形貌以及化学特征会严重影响到锂空气电池的循环性能，在放电过程中，Li_2O_2会不断沉淀，或者是在充电过程中，不彻底地分解，从而阻塞了正极表面的氧通道，同时，由于放电产物的非导电性质，还会造成电极的极化，进而使电池的性能下降严重。

为此，锂空气电池正极（催化剂）材料的要求是：具有较高的比表面积和适当的孔隙分布（孔容和孔径），从而提高其放电容量，提高导电性和氧还原/氧析出的催化性能，同时降低其催化过电势。相对于其他材料而言，碳材料拥有导电性高、比表面积高、成本低以及化学稳定性好等优点，已被运用在催化剂、电极材料、导电添加剂等电化学储能器件中。炭黑在锂空气电池刚刚发展阶段，被应用于空气正极材料，但其高比表面积以及三维网状结构等特点有助于其电池氧化还原反应的进行，但炭黑作为正极催化剂在充放电过程中的放电容量较低，限制了其在充放电中的应用。后来，研究人员发现，对碳材料的孔体积和孔径分布进行控制，可以促进氧气和锂离子的传输，从而显著地提升其电化学性能。

碳纳米管以及碳纳米纤维作为锂空气电极的电极材料，能够使电池的循环寿命得到增长，对于电池的可逆容量帮助较大，机械性能良好，被广泛运用到锂空气电池中。同时，具有超高比表面积的石墨烯材料，在锂空气电池正极上也受到广泛的关注。

在传统的纳米碳材料中，通过引入缺陷位点的方式，以改善其电化学性能，并加速过氧化锂形核生长。通常有两种方式来引入缺陷位点，一种是表面造孔，可以利用自组装、水热高压反应、高温水蒸气、强碱高温刻蚀等方式，在碳材料的表面上引入很多 $2 \sim 50$ nm 的介孔，从而增加三维结构的稳定性以及催化剂的比表面积，增加了放电容量，同时，在孔洞的表面形成了大量的催化活性位点，增强了催化活性；另一种方法是将 N、B、P、S 等异质原子引入碳材料内部，因为异质原子的引入会造成碳原子的结构畸变，同时还可以将其用作催化活性位点，使高碳材料的催化活性得到显著提升[182]。

4.2　负极评价技术

4.2.1　材料影响评价

当前负极材料大多是以金属合金为主，少数的研究以 99.9% 的金属片当做金属电极，主要用于电池中的空气电极、电解质的研究，还有一些研究利用制备片状电极以及粉状电极等不同的负极形态，运用数值模拟的方式对其放电原理以及腐蚀进行了深入的研究，但目前尚缺乏相应的试验数据。关于金属电极，大多数的研究是从金属合成元素的变化来对金属腐蚀钝化的抑制方法以及机理、二次金属电池在多次循环后出现金属电极的枝晶、金属的自放电等问题进行分析。

金属锂作为锂空气电池的阳极材料，锂在金属电极中理论比能量为 11 400 （W·h）/kg，电化学当量以及理论电位分别为 3.96 g/（A·h）以及 3.4 V。锂金属的化学活性很高，所以很容易被电解液腐蚀，从而引起放电，影响电池的正常运作以及使用寿命，为避免这些问题，锂空气电池应当选择合适的电解质溶液。锂空气电池电解质分为有机 – 水电解液、有机电解液及固态电解质。由于有机电解质在充放电过程中很容易发生分解，很难实现电池的长周期稳定运行。有机 – 水电解液锂空气电池的电解液由有机相电解液以及水相电解液组成，采用 LISICON 陶瓷膜将两种电解液分离开来，避免了放电产物阻塞空气电极的通道而导致的放电容量下降。

针对当前锂空气电池的充放电电压低于其充电电压，造成其充放电效率低的问题，采用合适的阴极催化剂，降低其充放电电压差，以提高其能量利用率。目前用于锂空气电池中的催化剂主要包括碳材料、贵金属、其他金属化合物、过渡族金属氧化物等。

镁空气电池的阳极材料为金属镁，金属镁理论比能量为 6 800 （W·h）/kg，理论电位为 3.1 V，电化学当量为 2.20 g/（A·h）。镁空气电池原料具有来源广泛、比能量高、价格低廉的优势。镁空气电池与锂空气电池相比以水相电解液为主，但镁金属有较高的化学活性，在中性以及碱性溶液中也容易产生腐蚀，进而发生放电的现象。除此之外，腐蚀产物会粘附在阳极表面，对电池阳极的反应造成阻碍。针对这一问题通常使用合金化法来提升镁阳极的抗腐蚀性能。

铝空气电池阳极材料采用的是金属铝，金属铝理论电位为 2.7 V，理论比能量为 8 100 （W·h）/kg，电化学当量为 2.98 g/（A·h），由于其成本较低，储量较大，因此是金属燃料电池的首选原料。金属铝容易被氧化，在其表面生成一层氧化膜，可使其具有较高的电极电位。然而，一旦破坏其氧化膜，氧化膜与金属铝之间具有电位差异，这又会加剧金属铝的腐蚀速度，从而影响到铝空气电池的使用寿命，严重的话会使电池失效。通常采用合金化法来解决铝空气电池阳极材料腐蚀的问题，采用 Al – Ga – In、Al – In、Al – Ga 合金为基体，添加 Pb、Bi、Sn、Zn、Mg、Mn 等元素形成铝合金材料。

锌空气电池是以金属锌作为阳极，金属锌理论电位为 1.6 V，理论比能量为 1 350 （W·h）/kg，电化学当量为 0.82 g/（A·h），金属锌与上述锂、镁、铝等金属相比，其能量密度与电位是最低的，然而，它在水相电解液中更安全，经济性能更好，成本更低，不仅绿色环保，还拥有更长的搁置寿命，所以它受到人们的普遍关注。

在水相电解液中，锌空气电池阳极金属锌也面临着放电问题以及腐蚀的困扰。研究发现，在锌极板中添加 Bi 元素，能够使电池的放电持久性有效地增强到 90% 以上，特别是 Bi 元素的浓度达到 2% 时，放电持久率能够上升到 99.5%，由此可以得出，在锌空气电池中加入 Bi 元素可以有效地解决其在水相电解液中的放电现象。

此外，以电解液为切入点，对于电解液成分的调整也能够有效地抑制腐蚀的发生。在以 KOH 溶液为电解质时，发现当采用 4 mol/L 浓度的 KOH 溶液时，能够抑制阳极的腐蚀，促进 Zn^{2+}/Zn 还原行为。

锌空气电池在充放电时，除了阳极腐蚀，还会产生枝晶。结果表明，电解液浓度、电极结构以及充电方式都会对枝晶的生长产生影响。首先，锌原子的沉积促进了枝晶的形成，而电解液中 Zn^{2+} 浓度影响着锌原子的沉积速度，当 Zn^{2+} 浓度下降到一定程度时锌极板就出现枝晶生长，所以在锌空气电池充电时一定要控制好电流密度，使 Zn^{2+} 的浓度保持在一定的范围内。

此外，也能够通过改变充电方式，例如采用脉冲电流沉积，来使其附近锌离子的浓度不断增加，对枝晶的生长起到一定的阻碍作用。

除了以上所述的金属燃料电池之外，还存在铁空气电池、钠空气电池等。针对目前钠空气电池技术发展缓慢的现状，研究者提出要采用液态熔融钠当做阳极可以得到能够在 105～110 ℃ 温度区间稳定工作的钠空气电池。从理论上讲，锂空气电池具有比钠空气电池更高的能量密度。但是，与锂相比，钠和氧生成物更稳定，这使钠空气电池的反应可逆性得到提升。

铁空气电池负极采用的是空气电极，阳极是金属铁，电解质溶液采用的是中性盐溶液以及碱性溶液，其阳极通常采用的不是块状铁，而是以活性铁粉的形式制作成的袋式电极。为了增加其活性，通常会在铁粉中加入氧化物或其他元素，以增加铁电极的放电容量[183]。

4.2.2　其他因素影响评价

针对阳极金属的化学性质，通过向其内部加入具有高析氢过电势的金属元素，可以有效地抑制阳极的析氢反应，降低其对阳极金属产生的腐蚀。此外，根据阳极的材质，也需选用适当的电解液。从金属活动的顺序来看，依次是：钠 > 锂 > 镁 > 铝 > 锌 > 铁。当阳极采用的是金属钠和金属锂时，由于它们在水相中的稳定性较差，通常采用有机电解液。因此，为了防止金属燃料电池在充放电过程中的分解，必须对其有机电解质的稳定性进行充分研究。其次是镁、铝、锌、铁等金属，它们都是采用中性盐溶液以及碱性水溶液作为电解质，而水相溶液的酸碱度和添加物对金属阳极腐蚀也有很大的影响。

在这种情况下，还要考虑到水相添加剂以及溶液的酸碱度等因素对金属阳极侵蚀的影响。此外，可考虑在金属燃料电池内部添加充电电极，让其实现充放电过程，让金属燃料电池既具备发电功能，又具有储能功能，使之兼具燃料电池以及蓄电池的优良性能，进一步拓展其应用领域[184]。

4.3 电解液性能评价

有些电池需要在极端环境下进行使用，因此针对极端寒冷情况下的金属燃料电池的性能需要研究。由于金属燃料电池的其他材料（如正、负极接线等）均能够在低温下使用，只有电解液属于水系溶液，其在极端环境下十分容易冻结。所以，需要解决极端寒冷情况下金属燃料电池电解液防冻问题，进行低温电解液的研究工作。

低温防冻主要是降低原有电解液的冰点，以达到电解液不冻的情况。目前常用的降低冰点的物质主要是防冻物质。我们对有机和无机两种防冻物质进行了一定的配置研究及相关性能测试。

4.3.1 有机防冻液影响评价

目前常用的有机降低冰点的物质主要是防冻液。实验采用特效的防冻液，将原有的电解液与防冻液混合，按照不同配比配置实验用电解液。如图 4-2 所示是添加不同配比的防冻电解液电池的常温放电行为。

由图 4-2 可见，随着防冻液的增加，电解液的冰点是在下降的，这主要是因为防冻液中的有机物质能够降低水的冰点，有机物质越多，冰点降低得就越多，在极端低温的情况下电解液越不容易冻结。添加5%防冻液的电解液反应时间在减短，电压也会有所下降，随着防冻液的进一步增加（10%~50%），电池放电电压及使用时间会受到越来越大的影响。这主要是由于有机物质在降低冰点的同时，也减少了水中离子载体的空间，减缓了电子转移，所以有机物质越多，电子转移越不顺畅，内阻越大。由此可见，有机体系的防冻液虽然有比较好的防冻效果，但其对整个电池的放电性能还是有比较大的影响的。

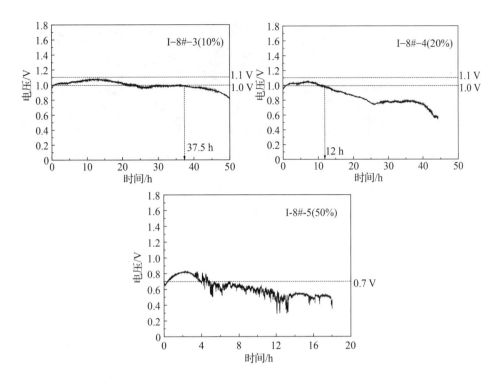

图 4 - 2　添加不同配比的防冻电解液电池的放电行为

实验过程中，我们对电池反应过程中反应产物对电池的影响情况也进行了观察分析。如图 4 - 3 所示，添加 10% 防冻液的电解液中，电池反应后腐蚀产物在正负极有大量堆积，呈现泥状，腐蚀产物中出现小部分结晶硬块。这与没有添加防冻液的情况相差不太大，说明添加少量防冻液时，电池反应的情况没有受到很大影响。而添加 50% 防冻液的电解液中，电池反应后腐蚀产物并没有呈现白色泥状，反而是出现大片结晶硬块，这些硬块把正极与负极板间的空隙处填满，严重影响了正负极之间的导通，影响整个电池的性能，如图 4 - 4、图 4 - 5 所示。

（a）　　　　　　　　　　　（b）

图 4 - 3　添加 10% 的防冻液的电池放电腐蚀产物

（a）负极一侧；（b）正极一侧

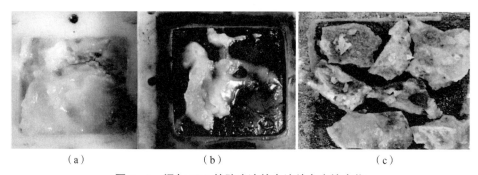

（a）　　　　　　　　（b）　　　　　　　　（c）

图 4 - 4　添加 50% 的防冻液的电池放电腐蚀产物

（a）负极一侧；（b）正极一侧；（c）腐蚀产物结块

图 4 - 5　电池放电后负极板的形貌

4.3.2　无机防冻液影响评价

有机防冻液虽然防冻性能比较好，但会影响电池的反应效率。而改善电解液冰点还可以添加无机物质。这类无机物质以无机盐类为主，不同种类的无机盐以及不同含量对于水的冰点降低效果不尽相同。我们寻找几种无机盐进行添加，以求能尽可能降低水的冰点，同时对电化学性能不会产生太大影响。

对这些添加无机盐的电解液进行了性能测试。绝大部分在 - 25 ℃ 冰冻 12 h 后，倒入电池测试装置中进行 2 A 恒流电性能测试，但绝大部分电解液不能驱动电池的反应。

如图 4 - 6 所示是添加无机盐的两款电解液性能测试。电解液在 - 25 ℃ 下冷冻 12 h

后，电池性能相当差，几乎没有电压。将电池进行升温处理，随着温度的升高，电池的电压逐步在上升，当电解液的温度回到 8 ℃后，电池的性能才回到 1.0 V 以上，且反应时间比较短。由此可见，低温下添加无机盐的电解液放电性能并不好，这主要可能是由于在 −25 ℃冷冻 12 h 后，电解液中的 Cl⁻ 活性降低，虽然电解液本身没有结冰，但 Cl⁻ 在其中的活性明显不足，难以作为电子的载体在正负极之间转移，从而很难形成电流。随着温度的升高，Cl⁻ 活性开始逐步回升，正负极之间开始产生电子转移，并形成电流，但效率很低；当温度升到 8 ℃左右后，Cl⁻ 活性明显增加，电子转移恢复正常，电池电压回升到 1.0 V 以上。

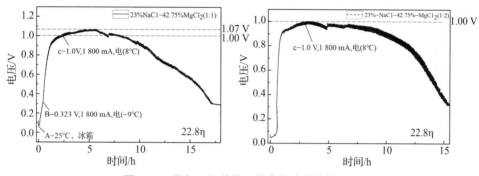

图 4-6　添加无机盐的两款电解液的性能测试

由上述实验可见，有机防冻液能有效降低冰点，但同时也导致腐蚀产物的致密性增加，电池放电过程中产物不能及时脱落，最终堆积在正极与负极空隙处，并结晶成硬块，阻碍了电池的放电性能，造成负极板的利用率降低；而无机电解液正常反应时基本不会影响电池反应，目前能做到较好的是在 −25 ℃，但也存在电解液在低温冷冻后 Cl⁻ 活性降低的问题，导致 Cl⁻ 难以作为电子的载体在正负极之间转移，从而很难形成电流，使电池运作。

4.3.3　电解液浓度影响评价

电解液的导电性能取决于其在两个电极之间所产生的带电溶质离子的有向电子迁移。电解质溶液的电导率受溶液浓度的影响较大，对解离度很小的电解质，随着浓度的增大，其电导率也随之增大；而当电解质的解离度很小时，其导电系数也较低。因为溶剂本身有一定的解离度，或者是包含了极少数的高解离度杂质，所以大多数溶剂都具有一定的电导率，但是它们的电导率通常都很小。查表得知，1.0 mol/dm³ NaCl 水溶液的电导率为 7.44/(Ω·cm)。

根据上述空气电极制作过程的优化，采用正交实验筛选出最优的空气电极片制作工艺进行电极片的制备，过程如下：

（1）催化层配比。将 10% 的活性炭、80% 的 MnO_2 和 10% 的导电炭黑分别称量，加入 10 mL 的无水乙醇，使之分散。

（2）疏水层配比。称取 40% 的导电炭黑以及质量分数为 60% 的活性炭，加无水乙醇 8 mL 进行分散。

（3）工艺流程。将（1）、（2）所获得的浆料进行超声 20 min 之后开始磁力搅拌，10 min 后，边搅拌边滴加 PTFE 乳液，直至浆料成糊状（催化层浆料需要 PTFE 0.3 mL，防水扩散层浆料需要 PTFE 0.2 mL），之后将两份浆料置于水浴锅，在 60 ℃ 下水浴 40 min 后取出，对浆料搅拌，待浆料变为胶团状，将催化层浆料涂覆于泡沫镍一侧，将防水扩散层涂覆于镍网另一侧，然后对空气电极片在 2 MPa 压力下加压，保压 5 min，之后对电极片进行干燥处理，将加压后的电极片在温度 120 ℃ 下干燥 4 h 后取出，即可得空气电池极片。

（4）搭建镁空气电池进行放电测试。采用不同浓度的电解质对镁空气电池进行放电测试，探索镁空气电池在不同电解液浓度下的放电特性。分别采用浓度为 1%、5%、10%、15%、20% 的 NaCl 溶液作为电池的电解质溶液进行放电性能测试，可以得出浓度对电池放电电流有着很大的影响性。电池放电电流随着电解液浓度的增加而展现出上升的趋势，在一定的浓度范围内，电解质浓度的改变不会对电池的放电电流产生明显的影响。结果表明，在 1% 的 NaCl 电解液中，该电池的放电电流基本保持在 0.47 A 左右；在 5% 的 NaCl 电解液中，该电池的放电电流基本保持在 0.96 A 左右；在 10% 的 NaCl 电解液中，该电池的放电电流基本保持在 1.2 A 左右。在 15% 的 NaCl 电解液下，该电池的放电电流基本保持在 1.17 A 左右；在 20% 的电解质浓度下，该电池的放电电流基本保持在 1.08 A 左右。从整体上看，电解质浓度越高，其放电电流越大，但在电解质浓度超过某一数值后，其放电电流基本不变，在电解质浓度继续升高时，其放电电流有下降的趋势。这是由于在低浓度的电解液中，存在于电解液中的导电性离子的含量比较少，使离子的流动速度变慢，从而使电池的放电电流变小；当电解液浓度很高时，在溶液中自由态的离子间隙会变小，因为正负离子的库伦力，会导致相距较近的正负离子被中和成电中性，从而减少了电解液中导电粒子的数量[185]。

第5章　金属燃料电池性能评定试验台架设计与研制

5.1　评定台架设计需求分析

金属燃料电池是以活性金属等燃料为负极，以碱性、中性盐等水相或有机相为电解质，以空气扩散电极为正极所构成的电池体系。由于金属燃料单体电池的储能较少、放电电压及电流较低，在给装备供电时，通常由多个单体电池通过并联或串联的形式组成电池组使用。串并联电池组的放电电压、放电电流、有效放电时长、放电稳定性等放电特性，对于用电装备的服役特性和有效使用寿命等至关重要。

对不同类型、不同数量、不同串并联形式的单体电池所组成的电池组进行放电特性测试，是开展新型电池的需求论证、技术研究、标准研编、试验试制和转化应用的技术基础，具有重要的军事价值和现实意义。研制金属燃料电池结构设计与性能评价试验平台，对金属燃料电池的关键工艺参数和综合性能进行测试，不仅可以评价现有金属燃料单体电池及电池组的放电特性，还可以进一步指导金属燃料电池的结构设计，提高金属燃料电池各部件的性能。

金属燃料电池性能评定试验台，可用于研究金属燃料电池的极板间距、反应面积、极板类型、组合形式等对单体电池或电池组放电电压、放电电流及电池温度等放电特性的影响，具有操作简便、可重复使用、试验成本低、实用性强等显著特点。

5.2　评定台架设计技术方案

金属燃料电池性能评定试验台，由金属燃料电池（或电池组）、可编程直流电子负载、传感测量单元和信号采集单元等组成。金属燃料电池的总正、负极与可编程直流电子负载 R 串联，两者组成放电回路，如图 5 - 1 所示。

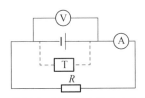

图 5 - 1　金属燃料电池性能测试试验台放电回路原理

　　其中，传感测量单元用于测量电池组内各单体电池的电压、电流和温度信息，以及电池组的总电压、总电流信息并将信息传输至信号采集单元进行数据处理。信号采集单元与传感测量单元连接，包括数据采集卡以及 LabVIEW 数据采集程序。数据采集卡执行数据采集程序，采集传感测量单元对各单体电池测量的放电电压、放电电流、温度值，以及电池组的总放电电压、总放电电流，将模拟信号转换为数字信号进行数据处理，分析串并联电池组内各单体电池与串并联电池组的放电特性。金属燃料电池性能测试平台的系统组成示意图如图 5 - 2 所示，实物如图 5 - 3 所示。

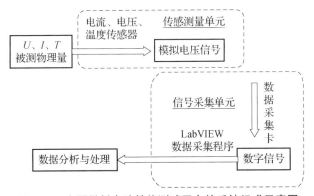

图 5 - 2　金属燃料电池性能测试平台的系统组成示意图

图 5 - 3　金属燃料电池性能测试平台实物

5.3 评定台架总体研制方案

5.3.1 电池单体及模组结构研制

金属燃料电池单体结构设计的目的，是调整金属燃料电池的极板间距、反应面积、极板类型、组合形式等，以考察其对单体电池或电池组放电电压、放电电流及电池温度等放电特性的影响。

金属燃料单体电池实物如图 5 - 4 所示。

图 5 - 4 金属燃料单体电池实物

如图 5 - 5 和图 5 - 6 所示为金属燃料单体电池立体图，如图 5 - 7 所示为金属燃料单体电池剖面图。

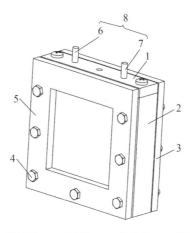

1—顶盖板；2—电解槽体；3—后盖板；4—连接件；5—前盖板；6—负极端；7—正极端；8—接线柱。

图 5 - 5 金属燃料单体电池立体图

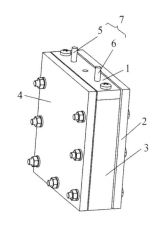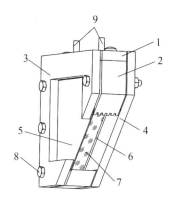

1—顶盖板；2—前盖板；3—电解槽体；
4—后盖板；5—负极端；6—正极端；
7—接线柱。

图 5 - 6 金属燃料单体电池立体图（后视）

1—顶盖板；2—电解槽体；3—前盖板；
4—后盖板；5—空气极板；6—金属极板；
7—电解液；8—连接件；9—连接柱。

图 5 - 7 金属燃料单体电池剖面图

如图 5 - 7 所示，金属燃料单体电池由顶盖板、电解槽体、前盖板、后盖板、空气极板、金属极板、电解液、连接件和接线柱等组成。

电解槽体大致呈 U 形，材质为工程塑料或有机玻璃，电解槽体作为基础架构，用来连接其他部件。

空气极板可以是由催化剂层、扩散层和集流网组成的标准空气极板，属于现有技术，此处不再详述。

空气极板连接在电解槽体的一侧，为了表述方便，将空气极板所在的一侧定义为"前"，在电解槽体上与空气极板相对的另一侧定义为"后"，即空气极板连接在电解槽体的前侧。

金属极板至少为铝极板、镁极板、锌极板、铁极板中的一种。

金属极板可以插接在电解槽体内的不同位置，金属极板与空气极板平行，当选择将金属极板插接在电解槽体的不同位置时，金属极板到空气极板的位置也相应发生改变，从而通过选择金属极板在电解槽体上的插接位置，可以改变极板之间的距离，同时金属极板插接的形式可以方便对金属极板类型的更换，具有插拔方便、更换简单的优点；金属极板、空气极板在电解槽体上围成腔室。

电解液可以为浓度 5%～20% 的氯化钠水溶液，被注入腔室内，通过控制电解液的注入量来调整金属极板与空气极板的反应面积。

本设计的金属燃料电池中，单体电池采用柔性设计，可以通过改变金属极板在电解槽体的位置来调整金属极板与空气极板之间的间距，以及更换极板类型；通过控制电解液的加入量来调整金属极板与空气极板的反应面积，因此，本设计便于调整金属燃料电池的结构参数和材料参数，以便于研究金属燃料电池的极板间距、反应面积、极板类型等对金属燃料电池的放电影响，具有便于调整、适用性强、操作简单、可重复使用、试验成本低的优点。

在电解槽体上设置有插接部，金属极板可以沿着插接部插入电解槽体内。

具体地，插接部可以为如图 5 - 8 所示的金属燃料电池的电解槽体的立体图中的插槽，如图 5 - 9 所示为电解槽体的插槽结构示意图。电解槽体的左右两侧各设计有 N 组开口宽度为 a、深为 d 的上下延伸的插槽，插槽间距为 b，主槽体厚度 $l = N \cdot a + (N+1) \cdot b$；当金属极板插入第 i 个插槽时，金属极板与空气极板的极板间距为 $(i-1) \cdot a + i \cdot b$，其中，$i$ 为整数，$N > 1$，N 为整数。可以根据实际情况设置相应的参数来满足极板间距、反应面积等要求。

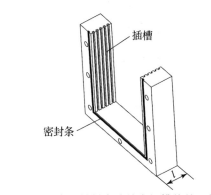

图 5 - 8　金属燃料电池的电解槽体的立体图

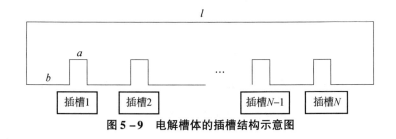

图 5 - 9　电解槽体的插槽结构示意图

需要说明的是，插接部还可以为滑轨，通过在电解槽体上设置 N 组滑轨，相应地在金属极板上设置滑槽的形式，来实现金属极板在电解槽体内的插接。

电解槽体的前表面还设有密封条，密封条可以通过粘接的形式粘到电解槽体的前表面上，也可以在电解槽体上设置密封槽，将密封条塞入或者粘接在密封槽内。装配状态时，空气极板抵压密封条实现空气极板将腔室的密封。

如图 5 - 10 所示为金属燃料单体电池顶盖板的立体图。

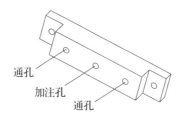

图 5 - 10　金属燃料单体电池顶盖板的立体图

如图 5 - 10 所示，单体电池还可以包括顶盖板，顶盖板通过螺钉连接在电解槽体的上侧，顶盖板上具有两个通孔，该通孔可以用来穿引接线柱，其中一个接线柱为单体电池的正极端，该正极端与空气极板电连接，另一个接线柱为单体电池的负极端，该负极端与金属极板电连接。

顶盖板上还设有加注孔，加注孔贯穿顶盖板与腔室连通，可以通过加注孔向腔室内注入电解液，该加注孔还可以用作温度传感器的穿引孔，另外，该加注孔还具有排气功能。

顶盖板的材质可以选用工程塑料或者有机玻璃。

如图 5 - 11 所示为金属燃料单体电池前盖板的立体图。

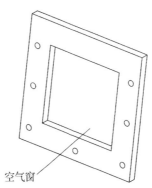

图 5 - 11　金属燃料单体电池前盖板的立体图

如图 5 - 11 所示，单体电池还可以包括前盖板，前盖板连接在电解槽体的前侧，用来压紧空气极板，前盖板抵住空气极板，从而空气极板挤压电解槽体上的密封条，实现前盖板、空气极板和电解槽体的紧密连接。

在前盖板上设有空气窗，空气窗可部分露出空气极板，用于从外界供给空气。

前盖板的材质可以选用工程塑料或者有机玻璃。

如图 5 - 6 所示，金属燃料电池还包括后盖板，后盖板连接在电解槽体的后侧，后盖板、电解槽体、前盖板通过螺栓紧固连接。

后盖板的材质可以选用工程塑料或者有机玻璃。

将金属极板插入电解槽体的第 i 个插槽内，依次将前盖板、空气极板、电解槽体和后盖板通过螺栓连接并预紧；将空气极板的接线端子通过顶盖板的通孔引出作为电池正极端，将金属极板的接线端子通过顶盖板的通孔引出作为电池负极端；将顶盖板盖在电解槽体上，并安装螺钉紧固；从顶盖板的加注孔中注入电解液，则空气极板、金属极板与电解液构成金属燃料电池体系，其中空气极板的引出接线端为电池正极，金属极板的引出接线端为电池负极，即组合成金属燃料电池基本模型。

此外，基于上述金属燃料电池的基本模型，可以转化为双空气电极金属燃料电池模型，即包含前后空气极板和中间一个金属极板的金属燃料电池模型，如图 5 - 12 所示。

双空气电极金属燃料电池没有后盖板，在电解槽体的后侧连接空气极板和前盖板。在金属极板和空气极板之间注入电解液。

具体地，将金属极板插入电解槽体的第 i 个插槽内，依次将盖板、空气极板、电解槽体、空气极板、前盖板通过连接件连接并预紧；将空气极板和空气极板的接线端子通过顶盖板的通孔引出作为电池正极端，将金属极板的接线端子通过顶盖板的通孔引出作为电池负极端；将顶盖板盖在电解槽体上，并安装螺钉紧固；从顶盖板的加注孔中注入电解液，则空气极板、电解液、金属极板、电解液、空气极板构成双空气电极金属燃料电池模型。

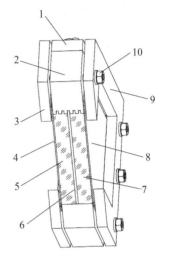

1—顶盖板；2—电解槽体；3—盖板；

4，8—空气极板；5，7—电解液；

6—金属极板；9—前盖板；

10—连接件。

图 5 - 12　双空气电极
金属燃料电池模型

此外，上述金属燃料电池基本模型还可以转化为两组金属燃料电池单体串联电池组模型，即第一组金属燃料单体电池和第二组金属燃料单体电池串联成为电池组的模型。

参照图 5 - 13 所示，将前盖板 3、空气极板 5、电解槽体 2、金属极板 6、顶盖板 1 组成第一组金属燃料单体电池 100_1；将前盖板 3′、空气极板 5′、电解槽体 2′、金属极板 6′、顶盖板 1′、后盖板 4 组成第二组金属燃料单体电池 100_2；将第一组金属燃料单体电池 100_1 的正极端 92 与第二组金属燃料单体电池 100_2 的负极端 91 用导线连接，并用连接件将两组电池单体连接紧固，然后分别向两组电池单体中加入电解液，即制成两组金属燃料电池单体串联电池组模型，第一组金属燃料单体电池 100_1 的负极为串联电池组的负极，第二组金属燃料单体电池 100_2 的正极为串联电池组的正极。

第一组金属燃料单体电池 100_1 位于第二组金属燃料单体电池 100_2 的前侧，在第一组金属燃料单体电池100_1中可以省略后盖板4的安装。

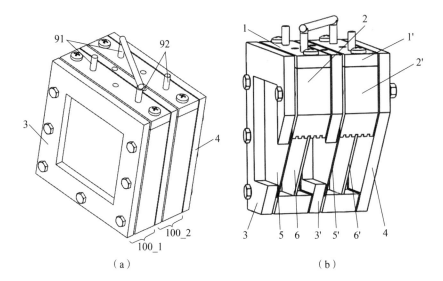

1，1′—顶盖板；2，2′—电解槽体；3，3′—前盖板；4—后盖板；5，5′—空气极板；

6，6′—金属极板；91—负极端；92—正极端；100_1—第一组金属燃料单体电池；

100_2—第二组金属燃料单体电池。

图5-13　金属燃料电池串联电池组结构

（a）串联主视图；（b）串联剖面图

金属燃料电池基本模型还可以转化为两组金属燃料单体电池并联电池组模型，即第一组金属燃料单体电池100_1和第二组金属燃料单体电池100_2并联成为电池组的模型。

如图5-14所示，将前盖板3、空气极板5、电解槽体2、金属极板6、顶盖板1组成第一组金属燃料单体电池100_1；将前盖板3′、空气极板5′、电解槽体2′、金属极板6′、顶盖板1′和后盖板4组成第二组金属燃料单体电池100_2；将第一组金属燃料单体电池100_1的正极端92与第二组金属燃料单体电池100_2的正极端92用导线连接，将第一组金属燃料单体电池100_1的负极端91与第二组金属燃料单体电池100_2的负极端91用导线连接，并用连接件将电池组连接紧固，然后分别向两组金属燃料单体电池中加入电解液，即制成两组金属燃料单体电池并联电池组模型，用导线连接的两组金属燃料单体电池的正极为并联电池组的正极，用导线连接的两组金属燃料单体电池的负极为并联电池组的负极。

第一组金属燃料单体电池100_1位于第二组金属燃料单体电池100_2的前侧，在第一组金属燃料单体电池100_1中可以省略后盖板4的安装。

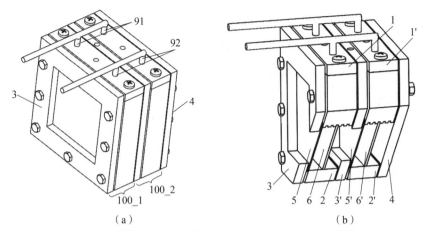

（a）　　　　　　　　　　　　　　　　　　　（b）

1，1′—顶盖板；2，2′—电解槽体；3，3′—前盖板；4—后盖板；5，5′—空气极板；6，6′—金属极板；

91—负极端；92—正极端；100_1—第一组金属燃料单体电池；100_2—第二组金属燃料单体电池。

图 5 – 14　金属燃料电池串并联电池组结构

（a）并联主视图；（b）并联剖面图

5.3.2　电池组串并联通断转化电路研制

现有的串并联电池组放电特性测试装置，主要针对串联电池组或并联电池组进行放电测试。电池组由固定数量的单体电池串联或并联组成，当串联或并联电池组转换时，需要改变单体电池位置和接线状态，导致电池组进行放电特性测试时，不能快速实现对任意多个单体电池组成的电池组进行放电特性测试，操作复杂，测试效率低。因此，有必要对现有的串并联电池组放电特性测试装置进行改进，以实现对单体电池和电池组放电特性的快速测量。

本设计的电池组一键式串并联通断转化模块实物如图 5 – 15 所示。

图 5 – 15　电池组一键式串并联通断转化模块实物

为实现上述目的，设计了一种串并联通断转换模块，包括 $N-1$ 个第一联动开关，$N-1$ 个第二联动开关；第 i 个第一联动开关包括静触点 S_i、第一动触点 c_i、第二动触点 d_i；第 i 个第二联动开关包括静触点 K_i、第一动触点 n_i、第二动触点 m_i，其中 $i \in [1, N-1]$，i 为整数，$N > 1$，如图 5–16 所示。

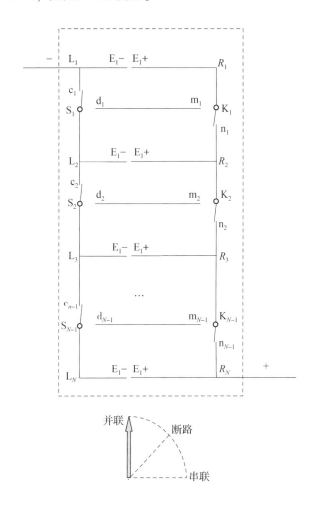

图 5–16　电池组串并联通断转化模块电路原理

将上述电池组串并联通断转化模块与串并联电池组、可编程直流电子负载连接，组成放电回路；传感测量单元用于测量电池组的分路电压、分路电流、单体电池的温度以及总路电压和总路电流等参数。

通过电池组串并联通断转化模块，可以实现由多个单体电池组成电池组的串联、并联和断路状态，具体如下：

串联：第 i 个第一联动开关的静触点 S_i 连接至第 $i+1$ 个第一联动开关的第一动触点

c_{i+1}，第 i 个第二联动开关的第一动触点 n_i 连接至第 $i+1$ 个第二联动开关的静触点 K_{i+1}，第 i 个第一联动开关的第一动触点 c_i 串接正、负接线端子 E_i+、E_i- 后连接至第 i 个第一联动开关的静触点 K_i，正、负接线端子 E_i+、E_i- 悬空；第 i 个第一联动开关的第二动触点 d_i 连接第 i 个第二联动开关的第二动触点 m_i；各第一联动开关的静触点 S_i 闭合至第二动触点 d_i，各第二联动开关组的静触点 K_i 闭合至第二动触点 m_i 时，串并联通断转换电路组成串联回路，如图 5－17 所示。

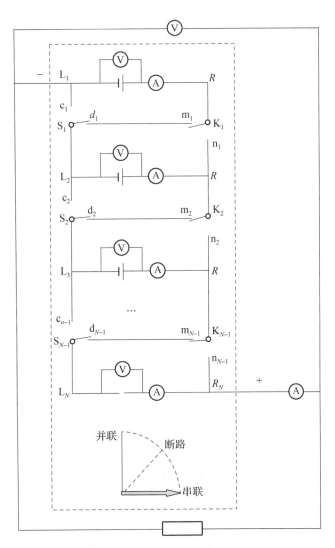

图 5－17　电池组串联状态测试电路

并联：各第一联动开关的静触点 S_i 闭合至第一动触点 c_i，各第二联动开关组的静触点 K_i 闭合至第一动触点 n_i 时，串并联通断转换电路组成并联回路，如图 5－18 所示。

断路：各第一联动开关第一动触点 c_i、第二动触点 d_i，以及各第二联动开关的第一动触点 n_i、第二动触点 m_i 均悬空时，串并联通断转换电路组成断路电路，如图 5-19 所示。

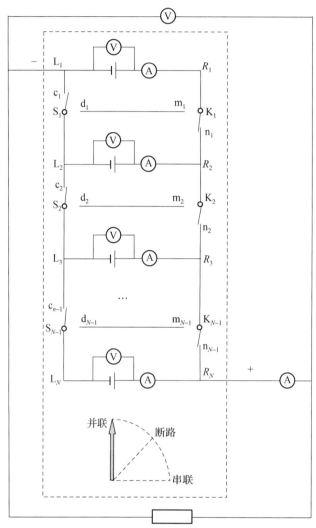

图 5-18 电池组并联状态测试电路

5.3.3 串并联电池组放电测试系统研制

该测试系统包括被测串并联电池组、传感测量单元和电子负载等，如图 5-20 所示。

串并联电池组包括 M 个单体电池和串并联通断转换模块，串并联通断转换模块可采用上文中的串并联通断转换模块。其中，联动开关数目 N 大于或等于单体电池数目 M，各单体电池正、负极分别连接至一路正、负接线端子；串并联通断转换电路总正、负极分别为串并联电池组总正、负极，串并联电池组总正、负极并联可编程直流电子负载，组成放电回路。

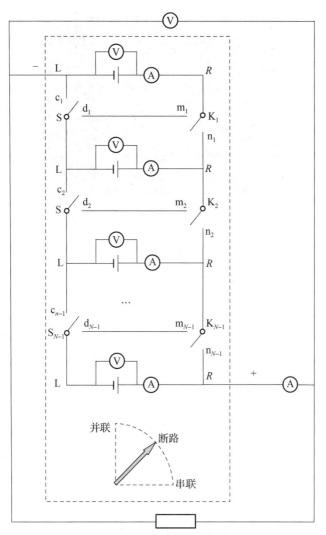

图 5 – 19　电池组断路状态

传感测量单元与串并联电池组连接，用于测量串并联电池组的各单体电池的电压、电流、温度值，以及电池组的总电压、总电流。其中传感单元包括分路电流传感器、分路电压传感器、分路温度传感器、总路电流传感器与总路电压传感器。各单体电池串联一分路电流传感器，以测量该路单体电池的放电电流，同时各单体电池正、负极并联一分路电压

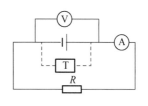

图 5 – 20　金属燃料电池放电
性能测试系统电路原理图

传感器，以测量该路单体电池的放电电压。串并联电池组总正、负极并联总路电压传感器，以测量电池组的总放电电压，同时串联总路电流传感器，以测量电池组总放电电流，各单体电池分别连接一分路温度传感器，以测量该路单体电池的温度值。

传感测量单元的电气连接实物如图 5 – 21 所示。

图 5 - 21　传感测量单元的电气连接实物

　　根据设计要求，需要对金属燃料电池单体及电池组的电压、电流等放电特性进行数据测量和分析。电池放电过程中，直接测得电压、电流等物理量为模拟量，而最终输出到 PC 端的是数字信号，这就需要经过两次转换。先是利用传感器将单体电池及模组的放电物理量转化为模拟电信号，再用数据采集卡把传感器输出的模拟电信号转换为数字信号。

　　系统所用直流电压传感器及直流电流传感器分别如图 5 - 22、图 5 - 23 所示。

图 5 - 22　直流电压传感器

图 5 - 23　直流电流传感器

系统所用电子负载为艾德克斯 8513C + 型可编程直流电子负载，如图 5 - 24 所示。

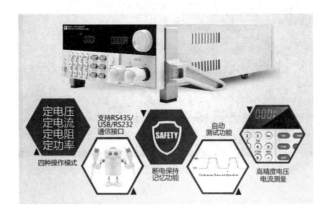

图 5 - 24　可编程直流电子负载

5.3.4　数据采集显示系统研制

数据采集显示系统由数据采集单元和显示界面组成。信号采集单元与传感测量单元连接，用于采集各电池单体的放电电压、放电电流、温度值，以及电池组的总放电电压、总放电电流，并进行 A/D 转换，转换为数字信号进行数据处理。

信号采集单元包括数据采集卡和数据采集程序。如图 5 - 25 所示的数据采集卡执行数据采集程序，采集由传感测量单元测得的各单体电池及电池组的放电电压、放电电流、温度值，并转换为数字信号后存储到计算机中，由 LabVIEW 数据采控程序进行相关数据的处理和显示，如图 5 - 26 所示。

图 5 - 25　NI 数据采集卡

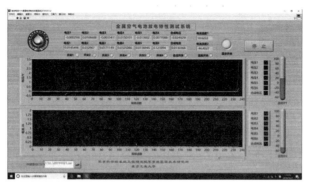

图 5 - 26　基于 LabVIEW 的数据采集显示界面设计

5.4　评定台架系统集成试制

可以将放电电压、放电电流、电池温度及其随时间的变化特性作为技术指标，对金属燃料电池的放电性能进行评估。

可实现电压、电流、温度等信号的传感测量与数据显示；其中，电压测量范围为 0~10 V，测量精度 <1 mV；电流测量范围为 0~10 A，测量精度 <1 mA；温度测量范围为 -50~100 ℃，测量精度 <0.2 ℃。

可实现多个单体电池的串联与并联，组成不同形式的电池组；并可以测量串联模式、并联模式以及断路状态下的分路电压、分路电流、分路电池温度以及总路电压和总路电流。

可以灵活调整金属燃料单体电池的极板类型、极板间距、反应面积以及电解液类型等参数，并考察其对金属燃料电池放电性能的影响，为金属燃料电池的性能优化提供技术平台。

第6章 金属燃料单体电池性能评定技术

6.1 单体电池基本性能评定

6.1.1 容量及能量密度

静态电流全放电测试，即通过设置固定的放电电流和终止电压来确定金属燃料电池的实际容量和能量密度。

以锌空气电池为例：

在锌空气电池中，锌空气电池的容量由锌电极决定，因此锌空气电池容量经常用锌电极的质量与锌的消耗质量来进行标准化，进而与 820 (mA·h)/g 的锌理论比容量对比。此外，通过简单地将电池放电过程中的实际比容量与平均放电电压相乘，可以得到一种利用消耗锌的质量进行标准化的比能量密度 $[(W·h)/g]^{[186]}$。

柔性锌空气电池的放电曲线非常平坦，这意味着电池的欧姆极化很低。然而，锌电极比容量的减小与厚度存在函数关系，这可能是由于固态电解质在电极的整个厚度中存在不均匀湿润现象而导致的。

完全放电实验也揭示了电池工作电压是放电深度的函数，并且两者之间关系的变化取决于所施加的放电电流大小。通常情况下，在完全放电测试中增加电流密度会使获得的容量稍微降低。这可能是由于锌电极表面放电产物产生速率增加，使 $Zn(OH)_4^{2-}$ 浓度梯度增大，导致 ZnO 过早地在电极表面发生沉淀，从而在较早阶段钝化。

电池容量是指在一定放电条件下可以从电池中获得的电量，常用单位 A·h。理论容量 C_0 是假设活性物质全部参加电池的成流反应所给出的电量。计算公式如下：

$$C_0 = 26.8n(m_0/M) \tag{6-1}$$

式中，M 为活性物质的分子量；m_0 为活性物质完全反应时的质量。

实际容量是指在一定放电条件下电池实际放出的能量。计算方式如下：

$$C = I \cdot T \tag{6-2}$$

理论比容量分为质量比容量和体积比容量。质量比容量是指单位质量的电池或者活性物质所放出的电量［约 $0.824(A \cdot h)/g$］；体积比容量是指单位体积的电池或活性物质所能放出的电量。

电池的能量是指电池在一定放电条件下对外做功所能输出的电量。理论能量 W_0 是假设电池在放电过程中始终处于平衡状态，其放电电压保持电动势 E 的数值，而且活性物质的利用率为 100%，此条件下电池能输出的能量。计算公式如下：

$$W_0 = C_0 \cdot E \tag{6-3}$$

6.1.2 电化学耐久性

静态电流循环是一种研究金属燃料电池电化学耐久性的加速试验技术。在进行电流放电/充电循环试验时，需交替施加固定的负极和正极电流，并记录相应的放电电压和充电电压。与动态电流极化测试相比，静态电流循环试验所需测试条件更多，如放电/充电电流密度、周期数、每个周期的长度和截止电压等；其中每个参数的改变都会影响到静态电流循环试验的测试结果[187]。

以锌空气电池为例：

在锌空气电池的循环测试中，可以大致分为两种，第一种为脉冲循环试验，即使用周期数量多，周期时间长度短，短周期为 200 s/循环。由于锌电极在每个周期中通常只排放到总容量的一小部分，脉冲循环试验的循环耐久性很可能受到空气电极的限制。与之相反，第二种方法周期数量较少，时间长度较长。每一个周期的时间长度都足以使很大一部分锌电极容量被充分利用。与脉冲循环法相比，更能真实反映出锌空气电池的可充电容。

对锌电极性能的研究通常采用终止电压，而不是提前确定每个周期的时间长度，这样就可以利用循环次数来评估锌电极的容量。使用更长周期时间的另一个好处是，可能会得到更真实的电压值，因为如果循环时间太短难以使电压达到稳定的值。

遗憾的是，锌空气电池的实验室测试没有建立标准参数。

6.1.3　电池内阻

电池内阻是指电池在工作时，离子流经电解液与电极之间时所受的阻力。电池的内阻不是固定不变的，它在充放电过程中会随着时间不断变化（一般逐渐变大），这是由于在充放电过程中，阻值会受到电极内材料的组成、极片厚度、电池的副反应、电解液浓度的变化以及电池温度变化的影响。

由于电池内阻的自损耗，导致电池的工作电压总是小于其开路电压，从而直接影响电池的放电电流、输出能量和功率；内阻可以说是决定电池性能的一个重要指标。对于电池来说，其内阻越小越好。

放电实验对电池性能的评判有着重要作用，通过对电池放电，可以测试电池的关键数据，如总容量、开路电压、截止电压等参数，可以对电池性能进行全面的判断[188]。电池的放电测试分析，包括恒电流放电实验和恒电压放电实验，其中电池测试模块可以通过设定放电电流和截止电压来确定电池在放电过程中电压和时间的关系以及容量和电压的关系，也可以通过设定不同的输出电压来确定电池的实时输出功率和电流，从而确定电池实时的内阻和性能[189]。

6.1.4　电池热特性

以下测试均选用镁空气单体电池作为测试对象。

通过建立镁空气电池热特性模型，结合单体电池测试数据，利用流体动力学软件对单体电池在同一环境温度下不同倍率放电时的温度场分布进行热特性分析，仿真结果显示，随着放电倍率的增大，电池的温升速率也在增大，温度最高区域集中在电池中心。结合镁空气电池放电产物及其热特性分析，对电池壳体进行优化，设计了一种温度可控式循环冷却壳体结构[190]。

温度对电池性能的影响也是电池发展的瓶颈之一。车载动力电池往往是由单体电池组合成的高能量密度的电池组，在汽车不同的运行工况下，电池组放电输出功率的同时也会产生大量的热，当热量聚集过多，造成电池之间温度失衡，会严重影响电池容量、寿命等性能参数。对电池进行热特性分析可以为解决电池生热问题和电池热管理系统的设计提供一定的参考[191]。

上海大学的潘宏斌[192]等利用 CFD 软件 STAR – CD 以及有限元分析软件 ANSYS 分别研究了电池模组的风道系统设计变量的流场、温度场的对比和定量分析。北京理工大学的李军求[8]等通过实验得出锂离子电池高、低温性能以及电池模型的适应性，并采取电－热耦合的建模方式，仿真得到电池生热、散热的温度特性及影响规律，并通过实验验证模型的有效性。

李军求[193]等开发温度依赖性电池模型及其配套的汽车模型，将极大地促进基于模型的设计和快速原型的建立。通过实验确定了 A123 型磷酸铁锂电池的性能特征，重新参数化了汽车动力总成模型的电池模型，并估算了不同温度下模型车辆的电气范围。Wang W[194]等采用三维模型对大型锂离子电池进行放电生热特性分析，重点仿真研究了放电电流高达 300 A 时电池的温度场分布，结果显示，充放电时电池的生热特性有明显区别，此外，不同衰退程度的单体电池之间的热特性也不同。李小爽[195]等研究了自然对流冷却方式和对流冷却方式条件下，锂离子电池组的温度场分布以及在这两种冷却方式条件下对辐射换热的影响。对于电池不同冷却方式的仿真，浙江大学的彭影、黄瑞[196]等采用三维流固耦合热模型研究了自然风强迫风冷、空调风强迫风冷以及油冷等冷却方式，对磷酸铁锂电池组做了温度特性仿真。

目前，对车载电池性能及影响因素的研究主要集中在锂离子电池、镍氢电池和铅蓄电池，而关于金属燃料电池在汽车上应用的研究相对较少。因此，可以采用实验和仿真相结合的手段，对金属燃料电池内部结构、组成等因素对电池的影响展开研究。模拟汽车行驶工况时电池所处环境，分析金属燃料电池的热特性，这对金属燃料电池在电动汽车的应用推广有理论参考意义。

首先对自制镁空气电池进行放电性能测试，监测镁空气电池一段时间后电池内部温度变化，并结合镁空气单体电池的性能参数，构建镁空气单体电池模型，对简化后的模型求解其热物性参数；其次建立镁空气单体电池的三维模型，利用 ANSYS/Fluent 仿真分析软件，模拟汽车实际运行过程中电池所处温度环境，研究同一温度下恒电流放电条件下电池的温度场分布状态。

镁空气单体电池以及电池组的热管理对电动汽车的正常运行至关重要，其中电池的温度变化是影响电池寿命和安全的重要因素，因此，研究镁空气电池放电时温度变化规律，找出影响电池温度变化的关键因素，对电池的正常工作管控提供理论指导。尽管实验可以直观测得电池温度变化，但测试很难获得整个电池内部温度生成机理以及温度分布规律，而通过热特性分析可以观察电池内部温度场分布和变化情况，有利于解决温升问题，对镁空气电池放电时进行生热温度场分析的仿真对电池的管理有重要意义。通过建立镁空气电池热数学模型，确定镁空气电池的生热速率，利用流体动力学分析软件，分析镁空气单体电池温升变化。

镁空气电池主要通过消耗镁阳极板和氧气参与反应来产生电子流达到输出能量的目的，由于大气中的氧气无限量，因此，电池一个循环的理论总容量为镁阳极板完全消耗所能释放的容量。通过对镁空气电池的可视化监测，镁空气电池截止工作并不是因镁合金板完全反应而停止，主要原因是随着电池放电的进行，电池在放电过程中会产生大量的热，尤其是镁合金阳极板，其表面温度最高。半封闭式电池内部温度过高会加速电解液汽化挥发，从而减少了电池参与反应的有效阴阳极面积。通过红外线测温仪测试的电池反应前后电池内部温度如图 6-1 所示。

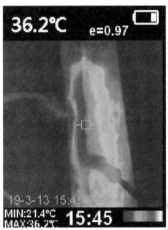

图 6-1　电池放电前后内部温度变化（附彩插）

如图 6-1 所示，通过用红外线测温仪测得镁空气电池在放电起始和放电大约 16 h 之后电池内部温度变化，其中，红色部位为镁合金板所在位置，温度最高。此时，电池内部已经积有大量沉淀物，电解液液面大幅下降。虽然我们可以直观地测得电池反应时的温度变化，但电池温度的控制管理需要对其生热机理和电池温度分布规律进行理论性分析，因此对镁空气单体电池进行热特性分析，研究其内部温度分布状态。

1. 镁空气电池生热机理及传热特性评定分析

在镁空气电池放电过程中，电池内正负极分别发生氢氧根离子和镁离子的脱离以及电解液中的离子传递，该行为所产生的能量称为反应热 Q_r。根据熵增原理，实际上该行为包括极化反应热 Q_p、电解质分解和自放电生成的副反应热 Q_s，以及电池内阻产生的焦耳热 Q_j，镁空气电池的总生成热量为 Q，则 $Q = Q_r + Q_j + Q_p + Q_s$。

（1）反应热。

$$Q_r = \frac{nmQI}{MF} \tag{6-4}$$

式中，n 为电池数量，m 为电池电极质量，Q 为化学反应产生热量的代数和，I 为电流，M 为摩尔质量，F 为法拉第常数，热量的单位为 W。

（2）焦耳热。

$$Q_j = I^2 R_e \qquad (6-5)$$

式中，I 为电流，R_e 为电池欧姆内阻。

（3）极化热。

$$Q_i = I^2 R_p \qquad (6-6)$$

式中，R_p 为等效极化内阻。

（4）副反应热。

镁空气电池在放电时，镁阳极会发生自腐蚀放电，同时随着放电的进行会导致电池内部温度过高，电极材料和电解质会发生一定的分解从而产生一定的热量，该热量很小，相比于其他三部分产热值可以忽略不计[6]。

综上所述，由于镁空气电池为一次电池，故放电时的生热量为正值，电池总生热量 Q 为

$$Q = \frac{nmQI}{MF} + I^2 R_e + I^2 R_p \qquad (6-7)$$

由电池的生热特性可知，在镁空气电池放电过程中，空气电极发生氧化还原反应和镁阳极反生的氧化反应，在整个回路中反应所释放的电子形成电流，同时释放反应热，离子在流动过程中因内阻产生欧姆热以及极化热，由于电池内部各材料组分的热容及生热速率不同，这就导致各组之间存在温差，温差的存在致使电池内部以热传导的方式进行传递，而在电池壳体的热量传递过程中，主要是通过与空气的对流和向外界辐射散热来完成[6]。

（5）热传导。

镁空气电池内部的 NaCl 电解质溶液、正负电极及电池壳体等均为热导体，它们相互之间进行着热传导，热传导遵循傅里叶定律，其公式为

$$q_f = -\lambda \operatorname{grad} t = -\lambda \frac{\partial T}{\partial n} \qquad (6-8)$$

式中，q_f 是热流密度，单位为 W/m²；λ 是导热系数，单位为 W/(m·K)；$\frac{\partial T}{\partial n}$ 为电极等温面法线方向的温度梯度，单位为 K/m。

（6）热对流。

镁空气电池放电产生热量，将其置于以空气为流体的介质中，当环境温度与镁空气电池外部温度不相同时，两者之间进行对流换热。其表达式为

$$q_e = h(T_a - T_b) \tag{6-9}$$

式中，q_e 是热流密度，单位为 W/m^2；h 是对流换热系数；T_a 是电池外部温度，T_b 是与电池表面发生热交换的介质温度。

（7）热辐射。

当电池放热温度高于环境温度时，电池外部和外界除了对流换热外还进行着辐射换热，热辐射遵循斯特藩 – 玻尔兹曼（Stefan – Boltzmann）定律，其公式为

$$Q_w = \varepsilon \sigma A_1 F_{12}(T_1^4 - T_2^4) \tag{6-10}$$

式中，Q_w 为辐射换热量；ε 为热辐射率，也是物体的黑度；σ 为斯忒潘 – 玻尔兹曼常量；A_1 为辐射面 1 的面积；F_{12} 为辐射面 1 对辐射面 2 的形状系数；T_1 和 T_2 分别为辐射面 1 和被辐射面 2 的绝对温度。

2. 镁空气电池热特性评定分析

电动汽车在行驶过程中电池组因放电而生热，电池内部的生热速率随着电池放电电流的变化而变化，同时，电池的放电电流是随着电动车行驶工况发生变化，所以电池热传递是一个瞬态过程，故动力电池的热模型可以描述如下：

$$\rho c_p \frac{\partial T}{\partial \tau} = \frac{\partial}{\partial x}\left(\lambda_x \frac{\partial T}{\partial x}\right) + \frac{\partial}{\partial y}\left(\lambda_y \frac{\partial T}{\partial y}\right) + \frac{\partial}{\partial z}\left(\lambda_z \frac{\partial T}{\partial z}\right) + \Phi_v \tag{6-11}$$

式中，ρ 为微元体的密度；c_p 为微元体的比热容；λ 为微元体的导热系数[6]。

为了降低电池仿真时所需热物性参数的数值计算和温度场仿真的工作量，通常对电池模型做简化处理。

（1）由于电池内部对流换热和辐射换热对散热影响较小，故忽略不计；电池内部同一材料的比热容相同，同一方向上热导率也为相同值，且比热容和热导率为定值；电池内部生热变化均匀。

根据以上理想简化可以得到镁空气电池的三维数学模型：

$$\rho c_p \frac{\partial T}{\partial \tau} = \lambda_x \frac{\partial^2 T}{\partial x^2} + \lambda_y \frac{\partial^2 T}{\partial y^2} + \lambda_z \frac{\partial^2 T}{\partial z^2} + \Phi_V \tag{6-12}$$

$$\Delta T = \lambda_x \frac{\partial^2 T}{\partial x^2} + \lambda_y \frac{\partial^2 T}{\partial y^2} + \lambda_z \frac{\partial^2 T}{\partial z^2} \tag{6-13}$$

式中，$\rho c_p \frac{\partial T}{\partial \tau}$ 表示微元体单位时间内的热力学能增量；ΔT 表示单位时间内通过界面传热使微元体增加的能量；Φ_V 为微元体的生热速率；记 x 轴方向为垂直于电池片的方向，x 轴向的导热系数为 λ_x，平行于池片方向的导热系数分别为 λ_y 和 λ_z。

（2）热物性参数的计算。

①电池内核比热容。由于镁空气电池材料及电池电化学反应的特性，电池热容量随着电池工作状态以及环境温度的不同而发生变化。简化后的电池比热容无法测量，可以根据组成电池各材料恒定的技术参数（简化前电池各部分的质量、热容和体积）进行加权求解。计算式如下：

$$C_p = \frac{1}{m} \sum_i C_i m_i = \frac{\sum_i \rho_i C_i V_i}{\rho \sum_i V_i} \tag{6-14}$$

式中，m 为电池各组分的质量总和，C_i、m_i、V_i、ρ_i 为电池各材料的比热容、质量、体积和密度。

②电池内核密度。电池简化后的平均密度为总质量与总体积的比值，计算式如下：

$$\rho = \frac{\sum_i \rho_i V_i}{\sum_i V_i} \tag{6-15}$$

式中，V_i、ρ_i 为内核各材料的体积和密度。

③导热系数。对电池简化之后，假设电池内部为一个均匀热源，其导热系数在各个传导方向上不同，导热系数可以根据电阻连接方式进行计算，三个方向的导热系数 λ_γ，λ_θ，λ_z 计算式分别如下：

$$\lambda_{\gamma,\theta} = \lambda_x = \frac{\sum L_i}{\sum \frac{L_i}{\lambda_i}} = \frac{L_\gamma}{\frac{L_{\gamma p}}{\lambda_p} + \frac{L_{\gamma n}}{\lambda_n} + \frac{L_{\gamma s}}{\lambda_s}} \tag{6-16}$$

$$\lambda_{\gamma,\theta} = \lambda_y = \lambda_z = \frac{\sum L_i \lambda_i}{\sum L_i} = \frac{L_{\gamma p} \lambda_p + L_{\gamma n} \lambda_n + L_{\gamma s} \lambda_s}{L_\gamma} \tag{6-17}$$

式中，$\lambda_{r,\theta}$ 为电池径向方向的导热系数，λ_z 为电池轴线方向的导热系数，L_γ 为电池内核半径，λ_p、λ_n、λ_s 为电池正极、负极、电解液的导热系数，$L_{\gamma p}$、$L_{\lambda n}$、$L_{\gamma s}$ 为电池正极板、负极板、电解液的厚度[6]。

（3）电池产热率的计算。

通常通过实验测试和理论计算来获得电池的产热率，但实验测量仅仅能得出电池表面的温度，而无法获得电池内部温度，因此目前常采用的理论方法是 Bernardi 等提出的理论计算公式，假设电池内部处处产热相同，表达式为

$$q = \frac{I}{V_b} \left[(E_{oc} - U_1) - T \frac{dE_{oc}}{dT} \right] \tag{6-18}$$

式中，I 是电池放电电流，V_b 是电池体积，E_{oc} 是电池开路电压，U_1 是电池端电压，T 是电池温度，$\dfrac{dE_{oc}}{dT}$ 是温度影响系数（一般是常数，这里取 0.5 mV/K），$E_{oc} - U_1$ 也可以等于 IR，R 为电池内阻，主要是欧姆内阻和极化内阻之和，在电池正常放电条件下，R 可定为常数，这里取值为 0.3 Ω，因此电池的生热速率表达式又可以写为

$$q = \frac{I}{V_b}\left[IR - T\frac{dE_{oc}}{dT}\right] \qquad (6-19)$$

由上式可以看出，生热速率不是定值，随着放电电流的大小而发生变化，但是由于电池放电倍率的复杂性，同时也是为了方便建模，在仿真过程中假定生热速率是个定值。

（4）热特性模型定解条件。

根据电池表面和环境间的温度差以及电池与环境的对流换热系数，可以确定初试条件为

$$T(x,y,z,0) = T_0 \qquad (6-20)$$

根据牛顿冷却定律给出边界条件：

$$\begin{cases} -\lambda_x A \dfrac{dT}{dx} = a(T - T_\infty) \\ -\lambda_y A \dfrac{dT}{dy} = a(T - T_\infty) \\ -\lambda_z A \dfrac{dT}{dz} = a(T - T_\infty) \end{cases} \qquad (6-21)$$

式中，a 为电池与空气的对流换热系数；T_∞ 为电池外部环境温度。

（5）三维建模和网格划分。

采用 Pro/E 建立了镁空气电池的三维模型，将模型导入 Workbench 进行网格划分，为了简化模型，将整个电池视为均匀生热体。由于模型相对简单，计算量较小，为了提高收敛速度和计算速度，对模型进行四面网格划分，最终网格的数量为 178 000。单体电池的三维模型及网格划分如图 6-2 所示。

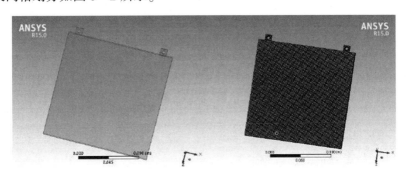

图 6-2 单体电池的三维模型及网格划分

（6）镁空气单体电池热特性仿真。

将划分网格后的单体电池模型导入 Fluent 中，采用 MSMD 的电池模型进行仿真分析，赋予电池各部位相应的材料属性以及边界条件。对模型设定分别以 0.5C、1C、1.5C、2C 倍率恒流放电，由于我国汽车大部分时间在常温 25 ℃下运行，所以选取初始环境温度为 25 ℃下不同放电电流进行瞬态热分析[196]。

在相同的初始环境温度下，电池以不同的放电倍率恒流放电至设定仿真时间或到截止电压时，电池各部位（中心、边缘等）温度均有上升趋势，但其上升剧烈程度不同。通过对温度场云图分布和温升曲线的对比分析，在 0.5 C 倍率放电时，电池的最高温度为 302 K，电池最大温升为 2 K，此时达到设定时间，电池还未达到截止电压；当电池以 1 C 放电时，最高温度为 306 K，电池最大温升为 6 K，电池仍然保持在设定的工况下放电；当电池以 1.5 C 放电时，最高温度为 313 K，最大温升为 13 K，此时电池在放电 2 190 s 后达到截止电压；当电池以 2 C 放电时，最高温度为 319 K，最大温升为 19 K，电池在放电 1 650 s 后达到截止电压。显然，随着放电电流的增大，电池温升速率也越大，其内部生成热也越多。放电结束时，电池中间的温度最高，温度由中心向边缘递减。其主要原因是，电池内部温度是以热传导方式沿电池四周扩散，周围温度变化不大，冷却效率偏低，而在电池外边缘，电池可以通过热对流和辐射的方式快速散热，这就造成电池温度场呈现了由中心向边缘递减的现象。

6.1.5　放电性能

以下测试均选用镁空气单体电池作为测试对象。

1）测试前准备

（1）针对所制备的两种规格的单体电池分别进行放电性能测试，测试前，打磨镁合金板，去除表面杂物；配制 10% NaCl 电解质溶液，连接电池正负极到电池测试系统，注入电解液至空气电极上沿，对其进行放电性能测试。

（2）恒压放电测试：确定电池的放电电压，让电池以该电压放电至稳定，记录此时对应的电流和功率值，更换电池的放电电压，测试多组不同放电电压对应的电流和功率。

（3）恒流放电测试：在室温下，设定电池的输出电流为 800 mA，截止电压为 0.7 V，测试电池的放电时间及总容量。

2）规格 I 单体电池放电性能测试

为了确认镁空气单体电池的最大输出功率，对单体电池在不同电压下进行恒压放电测试，不同放电对应的电流和功率的变化关系如图 6 – 3 所示。

　　如图 6 – 3 所示，单体电池的开路电压为 1.5 V，随着放电电压的增大，放电电流呈减小趋势，输出功率先随着放电电压的增大而增大，当电压增大到 0.7 V 时，电池输出功率达到最大，最大输出功率为 0.846 W。通过对该单体电池进行恒流放电测试，在常温下，当电池以 800 mA 电流放电，截止电压为 0.7 V 时，该电池可放电时间为 44 282 s，电池的总容量为 9.84 A·h。

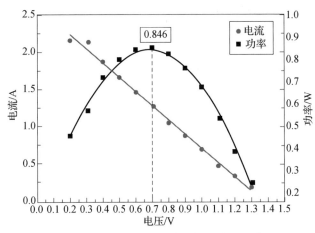

图 6 – 3　规格 I 单体电池恒压放电测试

3）规格 II 单体电池放电性能测试

　　为了确认镁空气单体电池的最大输出功率，对单体电池在不同电压下进行恒压放电测试，不同放电对应的电流和功率的变化关系如图 6 – 4 所示。

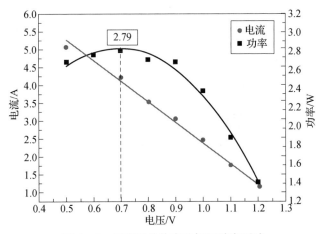

图 6 – 4　规格 II 单体电池恒压放电测试

　　如图 6 – 4 所示，相对于前者单体电池，该单体电池的开路电压保持不变，仍为 1.5 V，随着放电电压的增大，电池的放电电流逐渐减小，电池的功率呈现先增大后减小的趋势，当电池输出电压在 0.7 V 时，电池的输出功率最大，最大为 2.79 W。

对比两种单体电池放电性能，保持空气电极成分和镁阳极板成分不变，两电池测试模式相同，保证测试极板间距为 5 mm，随着空气电极片的面积增大，电池的电压基本不变，输出功率增大，一方面，增大电池正负极尺寸会增大电池的有效反应面积，同一电压下电池参与反应的活性物质较多，放电形成的离子流越多，从而电池的电流越大，对应电池的总容量也越大；另一方面，单体电池电压与电池内部活性物质的活跃程度有关，与电极面积大小无关，因此电极面积的增大不会改变电池电压的大小。

6.2 单体电池常温放电评定

6.2.1 测试装置

本次试验主要目的是通过测试三个金属燃料电池的电容量和质量能量密度，对金属燃料电池的性能和测试方法进行了解和学习，通过测试金属燃料电池在 18 ℃ 放电时的质量能量密度，深入了解金属燃料电池放电性能。

6.2.2 测试条件

1. M9713 可编程直流电子负载

试验所用放电设备是南京美尔诺电子有限公司设计制造的 M9713 可编程直流电子负载，如图 6 – 5 所示。该设备可以和 PC 进行连接，在 PC 端进行控制，控制界面如图 6 – 6 所示，能够控制电池以恒流、恒压、恒功率、恒流 + 恒压、恒阻、恒阻 + 恒压 6 种方式进行放电，自动对电量进行积分，其基本技术参数如表 6 – 1 所示。

图 6 – 5　M9713 可编程直流电子负载

2. SDJ710FA 高低温湿热箱

试验所用温度控制设备是重庆四达试验设备有限公司生产的 SDJ710FA 高低温湿热箱，如图 6 – 7 所示。该设备可以把电池的温度控制在某一特定值，以实现低温下电池最大电容量的测试。其基本技术参数如表 6 – 2 所示。

图 6 – 6　电子负载 PC 端控制界面

表 6 – 1　M9713 可编程直流电子负载基本技术参数

额定输入	功率/W	600	
	电流/A	0 ~ 120	
	电压/V	0 ~ 150	
定电流模式（CC）	量程/A	0 ~ 12	0 ~ 120
	分辨率/mA	1	10
	精度	0. 05% + 0. 05% FS	0. 1% + 0. 05% FS

图 6 – 7　SDJ710FA 高低温湿热箱

表 6 - 2   SDJ710FA 高低温湿热箱基本技术参数

最高温度/℃	最低温度/℃	精度/℃
150	-70	±1

3. ES - 10KH 电子天平

试验所用称量设备是长沙湘平科技发展有限公司生产的 ES - 10KH 电子天平，如图 6 - 8 所示。天平用来称量电池的空重、所加溶液质量，以求得电池的质量能量密度。其基本技术参数如表 6 - 3 所示。

图 6 - 8   ES - 10KH 电子天平

表 6 - 3   ES - 10KH 电子天平基本技术参数

量程/kg	最小读数/g
0 ~ 10	0.5

4. 能量回收式电池模组测试系统 17020

试验所用设备为中国台湾 Chroma 公司生产的能量回收式电池模组测试系统 17020，如图 6 - 9 所示。

图 6 - 9   能量回收式电池模组测试系统 17020

该系统具备独立多通道的设计架构,可支援多组不同特性的电池组充放电测试,可完全独立操作。另外,通道具备可并联功能,使用者可以依照电池组产品的规格,简单地调整设备的并联状态,增加了使用者使用设备上的弹性,使用者可依据待测物的测试需求数量与规格作配置,不必因为产品些许的差异而购买多种规格设备,可达到设备高利用率。

同时该系统还搭配 Batterypro 软件,具备弹性的编程功能,可进行各通道完全独立测试,符合电池组高客制与多样化的需求。具备无接缝式充放电转换功能,可快速进行充放电切换,编程中设定模拟快速充放电模式,可模拟多种电池实际使用状态。

并且针对电池测试做了多项安全设计,测试过程有过电压、过电流等异常检出功能,保障测试过程安全;资料保存机制,当遇到电脑异常与瞬时断电异常可将资料保存于记忆体不遗失并记录中断状态,重新启动后可选择继续测试。

5. 电子天平

试验所用天平为瑞士梅特勒托利多生产的 PL6001 - S 电子天平,如图 6 - 10 所示,天平用来称量电池的质量,其主要参数如表 6 - 4 所示。

图 6 - 10   PL6001 - S 电子天平

表 6 - 4   PL6001 - S 电子天平基本参数

最大量程/g	精度/g
6 100	0.1

6.2.3   测试过程

试验所用金属燃料电池分别是大容量镁空气电池、小容量镁空气电池和黑色箱体镁空气电池,基本尺寸参数和质量如表 6 - 5 所示。

表 6 – 5　电池基本情况

电池名称	尺寸/mm	空重/kg	加满盐溶液后质量/kg	照片
大容量镁空气电池	364 × 140 × 192	3.858	6.483	
小容量镁空气电池	364 × 65 × 157	1.636	2.468	
黑色箱体镁空气电池	270 × 200 × 215	3.228	5.039	

其他试验金属燃料电池对象基本情况介绍如表 6 – 6 所示。

表 6 – 6　电池基本情况

电池名称	电池类型	空重/kg	加满电解液后质量/kg
#1（6 串）	镁空气电池	2.007 4	3.745
#2（6 串 2 并）	镁空气电池	2.671 7	5.553
#3	镁空气电池	1.960 8	2.469 3
#4（带风扇）	铝空气电池	1.568 0	3.077
#5（无风扇）	铝空气电池	1.320 9	2.899 4
#6 黑色箱体	铝空气电池	3.000 8	8.081
#7 蓝色箱体	铝空气电池	4.094 6	7.530
#8	锌空气电池	1.714 1	1.714 1
#9	锌空气电池	3.902 4	3.902 4

6.2.4　测试指标

1. 常温下最大电容量放电试验

在常温下，对电池进行最大容量放电试验，试验条件如表6-7所示，首先称量配制的盐溶液质量，给电池加注盐溶液直至没过镁板，然后连接电子负载，按照表6-7中试验条件进行放电，在电解液消耗一段时间后，继续往电池内加注盐溶液至没过镁板，放电结束时，称量剩余盐溶液的质量，记录最大放电容量，并计算出电池的质量能量密度。

表6-7　常温下最大电池容量试验条件

温度/℃	电池电解质	放电电流/A	放电终止电压/V
25	15%盐溶液	2	10

1）#1 镁空气电池

在18 ℃下，对电池进行放电试验，首先称量配制的电解液质量，给电池加注电解液至没过镁板，然后连接电子负载，以2 A电流放电，8.5 h后更换电解液，继续放电；8 h后更换电解液，继续放电；7.5 h后更换电解液，继续放电，记录每次倒出电解液和加入电解液的质量，达到8 V截止电压后，测试结束，计算出电池的质量能量密度。

2）#2（6串2并）镁空气电池

在18 ℃下，对电池进行放电试验，首先称量配制的电解液质量，给电池加注电解液至没过镁板，然后连接电子负载，以2 A电流放电，12 h后补充电解液，记录电解液和电池总质量，达到8 V截止电压后，测试结束，计算出电池的质量能量密度。

3）#3 镁空气电池

在18 ℃下，对电池进行放电试验，首先称量配制的电解液质量，三个镁空气电池单体串联，给电池加注电解液至没过镁板，然后连接电子负载，以30 s增加1 A的阶跃电流激活电池，电流增加至30 A后，恒定电流放电1 h，放电过程中需要持续补充电解液，时间达到1 h后，测试结束，记录电解液和电池总质量，计算出电池的质量能量密度。

4）#4（带风扇）和#5（无风扇）铝空气电池

在18 ℃下，对电池进行放电试验，首先称量配制的碱性电解液质量，给电池加注电解液至没过铝板，然后连接电子负载，以2 A定电流放电，电压降至12 V时，更换电解液，记录每次倒出电解液和加入电解液的质量，电解液更换2次，达到10 V截止电压后，测试结束，计算出电池的质量能量密度。

测试过程中，由于风扇功率为 6 W，泵功率为 3 W，所以电池电压无法达到 12 V，更换电解液，电压条件改为 10 V。

5）#6 黑色箱体铝空气电池

在 18 ℃下，对电池进行放电试验，首先称量配制的碱性电解液质量，给电池加注电解液至没过铝板，然后连接电子负载，以 2 A 定电流放电，电压降至 12 V 时，更换电解液，记录倒出电解液和加入电解液的质量，电解液更换 1 次，达到 10 V 截止电压后，测试结束，计算出电池的质量能量密度。

6）#7 蓝色箱体铝空气电池

在 18 ℃下，对电池进行放电试验，首先称量配制的碱性电解液质量，给电池加注电解液至没过铝板，然后连接电子负载，以 2 A 定电流放电，电压降至 10 V 时，更换电解液，记录倒出电解液和加入电解液的质量，电解液更换 4 次，达到 8 V 截止电压后，测试结束，计算出电池的质量能量密度。

7）#8 锌空电池

在 18 ℃下，对电池进行放电试验，首先称量电池，然后连接电子负载，以 2 A 定电流放电，达到 8 V 截止电压后，测试结束，计算出电池的质量能量密度。

8）#9 锌空气电池

在 18 ℃下，对电池进行放电试验，首先称量电池质量，然后连接电子负载，以 50 W 定功率放电，达到 10 V 截止电压后，测试结束，计算出电池的质量能量密度。

2. 大容量镁空气电池最大电容量放电试验

1）试验过程中的问题

大容量镁空气电池在加注盐溶液时，有部分单体电池反应剧烈、急剧升温，经过拆卸检查发现是裸露的金属部分发生短路，如图 6-11 所示，使用绝缘胶带处理后，电池可以正常工作。

图 6-11　拆开后电池内部

小容量镁空气电池以 2 A 的电流放电，放电时间比以 1.8 A 电流放电少近 5 h，原因可能是补水时电压已经降到 10 V 左右，腐蚀产物堆积过多，水冲不掉，而且以 2 A 电流放电，电流密度大，发热量较大，水消耗的快。

2）试验结果

（1）放电时间和容量。

放电时间和容量是仪器直接显示的，试验结果如表 6 - 8 所示。

表 6 - 8　试验结束后电池放电时间和容量

放电时间/h	放电容量/（A·h）
25.155	50.31

（2）放电能量和质量能量密度。因为试验准备阶段，电池发生短路，需要清空电池内盐溶液，拆开进行检查，检查完毕后继续进行试验，所以整个试验过程消耗的盐溶液质量没有准确的数字，无法计算出准确的电池质量能量密度。大容量镁空气电池放电曲线如图 6 - 12 所示。

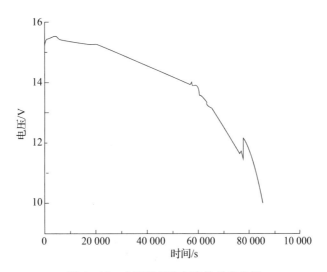

图 6 - 12　大容量镁空气电池放电曲线

在电池开始放电的 1~2 h，电压缓慢增加到 15.45 V 左右，之后缓慢下降，在电解液消耗一段时间后，继续往电池内加注盐溶液至没过镁板，加注盐溶液之后，电池电压会短暂增加，之后继续下降，直到电压降至设定值 10 V，实验结束。

根据补全的数据，电压乘电流对时间积分得到 666.84 W·h，所以电池在试验过程中总的放电能量为 666.84 W·h。

①电池空重质量能量密度为 666.84 ÷ 3.858 = 172.85（W·h）/kg。

②加电解液电池质量能量密度为 666.84 ÷ 6.483 = 102.86（W·h）/kg。

3. 小容量镁空气电池最大电容量放电试验

1）放电时间和容量

放电时间和容量是仪器直接显示的，试验结果如表 6-9 所示。

表 6-9　试验结束后电池放电时间和容量

放电时间/h	放电容量/（A·h）
5.535	11.07

2）放电能量和质量能量密度

小容量镁空气电池放电曲线如图 6-13 所示。

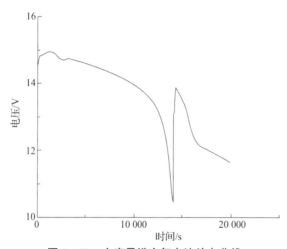

图 6-13　小容量镁空气电池放电曲线

电压乘电流对时间积分得 149.64 W·h，所以电池在试验过程中总的放电能量为 149.64 W·h。

①电池空重质量能量密度为 149.64 ÷ 1.636 = 91.47（W·h）/kg。

②加电解液电池质量能量密度为 149.64 ÷ 3.3 = 45.35（W·h）/kg。

4. 18 ℃下电池性能测试

1）放电性能测试

由于各类金属燃料电池在 18 ℃下放电方式不同，在下述内容中分别进行讨论。

（1）#9 锌空气电池。

#9 锌空气电池以 50 W 定功率放电，测试现场如图 6-14 所示。

图 6 – 14　#9 锌空气电池测试现场

其电压随时间变化曲线如图 6 – 15 所示。

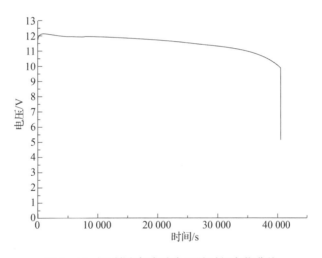

图 6 – 15　#9 锌空气电池电压随时间变化曲线

由图 6 – 15 可知，#9 锌空气电池在反应过程中电压基本保持稳定，在放电结束时电压突降。

（2）#3 镁空气电池。

#3 镁空气电池以阶跃电流启动，然后 30 A 放电 1 h，测试现场如图 6 – 16 所示。

其电流、电压随时间变化曲线如图 6 – 17 所示。

由图 6 – 17 可知，首先，电压随时间快速降低，在电流达到 25 A 左右时，电压开始缓慢下降，直到放电结束。

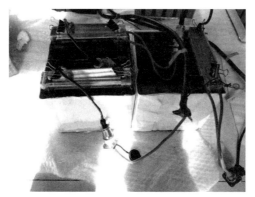

图 6 – 16　#3 镁空气电池测试现场

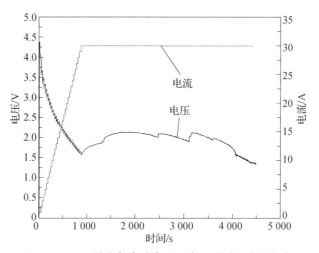

图 6 – 17　#3 镁空气电池电流、电压随时间变化曲线

（3）#6 黑色箱体。

#6 黑色箱体铝空气电池，共放电 110 h，测试现场如图 6 – 18 所示。

图 6 – 18　#6 黑色箱体铝空气电池测试现场

第一次加液和换液后电压随时间变化曲线如图 6 – 19 所示。

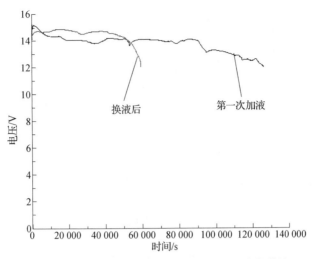

图 6 – 19　第一次加液和换液后电压随时间变化曲线

由图 6 – 20 可知，电池放电电压在开始和结束阶段下降较快，在中间可以保持较稳定的电压平台。

（4）#7 蓝色箱体

#7 蓝色箱体铝空气电池，共放电 194.5 h，测试现场如图 6 – 20 所示。

图 6 – 20　#7 蓝色箱体铝空气电池测试现场

第一次加液和每次换液后电压随时间变化曲线如图 6 – 22 所示。

由图 6 – 21 可知，该电池启动后，电压会先快速上升，之后保持平稳的电压平台，之后缓慢下降至截止电压。

（5）其他电池

#5（无风扇）铝空气电池、#4（有风扇）铝空气电池、#2（6 串 2 并）镁空气电池、#1（6 串）镁空气电池、#8 锌空气电池均以 2 A 定电流放电，测试现场如图 6 – 22 ~ 图 6 – 26 所示。

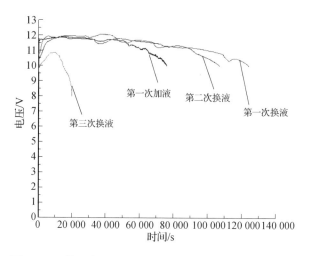

图 6-21 第一次加液和每次换液后电压随时间变化曲线

图 6-22 #5（无风扇）铝空气电池测试现场

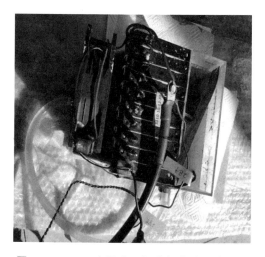

图 6-23 #4（有风扇）铝空气电池测试现场

图 6 – 24　#2（6 串 2 并）镁空气电池测试现场

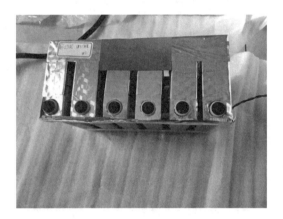

图 6 – 25　#1（6 串）镁空气电池测试现场

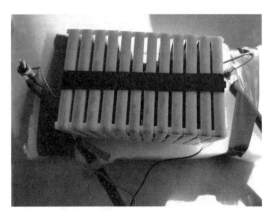

图 6 – 26　#8 锌空气电池测试现场

其电压随时间变化曲线如图 6 – 27 所示。

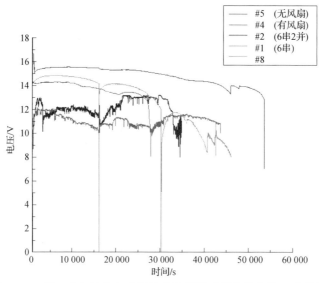

图6-27 第一次加液和每次换液后电压随时间变化曲线（附彩插）

由图6-27可知，#5（无风扇）经历过3次换液，#4（有风扇）经历过2次换液，#1（6串）经历过3次换液。镁空气电池放电电压最大，锌空气电池次之，铝空气电池放电电压最小。

2）试验结果

18 ℃下所测试各金属燃料电池质量能量密度如表6-10所示。

表6-10　18 ℃下各金属电池质量能量密度

序号	电池名称	18 ℃放电能量/（W·h）	电池和电解液总质量/kg	18 ℃能量密度/（W·h·kg⁻¹）
1	#1（6串）	675.8	5.209 6	129.72
2	#2（6串2并）	871.1	6.071 2	143.48
3	#3	57.9	2.469 3	23.45
4	#4（带风扇）	466.1	6.883 2	67.72
5	#5（无风扇）	392.7	8.069 4	48.67
6	#6 黑色箱体	3 071.7	13.162	233.38
7	#7 蓝色箱体	4 452.7	19.268	231.09
8	#8	413.9	1.714 1	241.47
9	#9	1 117.7	3.902 4	286.41

从表6-10可知，质量能量密度最大的是#9锌空气电池，为286.41（W·h）/kg；其次是#8锌空气电池，为241.47（W·h）/kg；#6黑色箱体、#7蓝色箱体铝空气电池相差

不大，分别为 233.38（W·h）/kg 和 231.09（W·h）/kg；质量能量密度最低的是#3 镁空气电池，为 23.45（W·h）/kg。

6.2.5　测试案例

1. 试验结论

（1）金属燃料电池放电容量。

大容量镁空气电池放电容量：50.31 A·h。

小容量镁空气电池放电容量：11.07 A·h。

大容量镁空气电池需要 10 h 左右加一次盐溶液，小容量镁空气电池需要 3 h 左右加一次盐溶液。

从这两个电池放电容量的对比中可以看出，镁板的多少将影响电池的放电容量，可容纳电解液的多少会影响电池加注一次盐溶液的续航时间，这对于实际应用都是需要考虑的因素。

（2）金属燃料电池能量密度。

大容量镁空气电池和黑色箱体镁空气电池由于电池本身和测试设备无法得到准确的放电能量，小容量镁空气电池的质量能量密度如下：

电池空重质量能量密度为 149.6÷1.636＝91.44（W·h）/kg。

加电解液电池质量能量密度为 149.6÷3.3＝45.33（W·h）/kg。

可以看到，镁空气电池的质量能量密度不是很大，实验室计算质量能量密度只使用正极质量大约 0.51 kg，不符合实际应用场景。

（3）各电池的质量能量密度对比。

如图 6-28 所示为各电池的质量能量密度雷达图。由图中可知，质量能量密度最大的是#9 锌空气电池，其次，是#8 锌空气电池，#6 黑色箱体、#7 蓝色箱体铝空气电池相差不大，质量能量密度最低的是#3 镁空气电池。

（4）#3 的空气正极所能承受的电流密度最高，电池放电电流最大。

（5）#6 和#7 的电解液缓蚀剂性能优异，电池放电时间最长，质量能量密度最大。

（6）镁空气电池放电电压最大，锌空气电池其次，铝空气电池放电电压最小。

2. 试验前景展望

通过对负极材料、正极材料及组装的研究，目前已经能制备出相应镁金属燃料电池的样品，并提供样机进行相应的性能测试评估。技术指标完成情况对照表如表 6-11 所示。

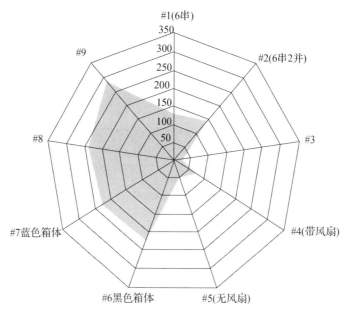

图 6 - 28 各电池的质量能量密度雷达图

表 6 - 11 技术指标完成情况对照表

类别	考核指标	完成情况	评价
基本电性能	额定电压：12 V 额定功率：20 W 质量：不大于 2 000 g（总重） 能量密度：不小于 300（W·h）/kg 在额定电流下电池放电时间： ≥24 h（截止电压 10 V）	电压：15.1 V（常温） 放电电流：2 A 功率：≥25 W（常温） 质量：2～2.5 kg 能量密度：≥330（W·h）/kg 在额定电流下电池放电时间： ≥24 h（截止电压 10 V）	加水后质量略超重，可以通过电池外壳材料轻量化实现达标
环境适应性	存储温度：18～65 ℃ 工作温度：18～50 ℃	存储温度：18～65 ℃ 工作温度：18～50 ℃	已完成
安全性	遭受 7.62 mm 枪击后不起火不爆炸	枪击后仅出现漏水现象，并不会起火爆炸	已完成

（1）金属燃料电池加注一次盐溶液放电时间。在实际应用过程中可能不会有补充盐溶液的时间，所以应该需要测试加注一次盐溶液后，金属燃料电池的放电时间和放电能量。

（2）金属燃料电池质量能量密度。在本次试验中，对于大容量镁空气电池并没有得出准确的质量能量密度，需要做进一步试验。

（3）试验过程数据采集。在本次试验中，大容量镁空气电池的数据采集都使用 1 s 更新 1 次的频率，都出现了数据缺失；小容量镁空气电池使用 5 s 更新 1 次的频率，数据完整。

下次试验可以适当降低数据采集频率或者采用另外的设备进行试验。

6.3　单体电池低温放电性能评定

6.3.1　测试方案

1. 试验目的

本次试验主要目的是通过测试三个金属燃料电池的电容量和质量能量密度，对金属燃料电池的性能和测试方法进行了解和学习，通过测试金属燃料电池在 -25 ℃放电时的质量能量密度，深入了解金属燃料电池放电性能。

2. 试验设备

同 5.3.1 节。

3. 试验对象

同 5.3.1 节。

4. 试验内容

1）低温下最大电容量放电试验

在低温下，因为电池所用 15% 浓度的盐溶液的凝点是 -11 ℃，所以温度设置在 -10 ℃，试验条件如表 6 -12 所示。首先称量配制的盐溶液质量，把电池和盐溶液在高低温湿热箱里以 -10 ℃的温度放置 13 h，然后给电池加注盐溶液至没过镁板，连接电子负载，按照表 6 -12 中试验条件进行放电，在电解液消耗一段时间之后，继续往电池内加注盐溶液至没过镁板，放电结束时，称量剩余盐溶液的质量，记录最大放电容量，并计算出电池的质量能量密度。

表 6 -12　低温下最大电池容量试验条件

温度/℃	电池电解质	放电电流/A	放电终止电压/V
-10	15%盐溶液	2	10

2）#2（6串2并，箱体冷冻）镁空气电池

在 -25 ℃下，对电池箱体冷冻12 h，首先称量配制的电解液质量，给电池加注6 ℃电解液至没过镁板，然后连接电子负载，以2 A定电流放电，记录电解液和电池总质量，达到8 V截止电压后，测试结束，计算出电池的质量能量密度。

3）#2（6串2并，加液冷冻）镁空气电池

在 -25 ℃下，首先称量配制的电解液质量，给电池加注电解液至没过镁板，然后连接电子负载，对电池冷冻12 h，以2 A定电流放电，记录电解液和电池总质量，达到8 V截止电压后，测试结束，计算出电池的质量能量密度。

4）#4（带风扇）铝空气电池

在 -25 ℃下，对电池箱体和电解液冷冻12 h，然后给电池加注电解液，连接电子负载，以2 A定电流放电，记录电解液和电池总质量，达到10 V截止电压后，测试结束，计算出电池的质量能量密度。

5）#6 黑色箱体铝空气电池

在 -25 ℃下，首先称量配制的碱性电解液质量，给电池加注电解液至没过铝板，然后连接电子负载，对电池冷冻12 h，以2 A定电流放电，达到10 V截止电压后，测试结束，计算出电池的质量能量密度。

6）#7 蓝色箱体铝空气电池

在 -25 ℃下，首先称量配制的碱性电解液质量，给电池加注电解液至没过铝板，然后连接电子负载，对电池冷冻12 h，以2 A定电流放电，达到8 V截止电压后，测试结束，计算出电池的质量能量密度。

7）#9 锌空气电池

在 -25 ℃下，首先称量电池，然后连接电子负载，对电池冷冻12 h，以50 W定功率放电，达到10 V截止电压后，测试结束，计算出电池的质量能量密度。

6.3.2　电解液放电性能测试

1. 试验过程中的问题

将盐溶液和电池一起放入高低温湿热箱中，在 -10 ℃条件下放置13 h，往电池内加入溶液后，电池无法激活，化学反应过于缓慢。因此，采取的措施是先把电池和溶液恢复常温，然后在电池内加溶液没过镁板，放入高低温湿热箱中。在 -10 ℃条件下放置1 h，可以在10 s左右激活电池，不让电池放电，继续在 -10 ℃条件下放置2 h，可以在30 s左

右成功激活电池，接着让电池按照表 6 - 13 的试验条件进行放电试验。

2. 试验结果

1）放电时间和容量

放电时间和容量是仪器直接显示的，试验结果如表 6 - 13 所示。

表 6 - 13　试验结束后电池放电时间和容量

放电时间/h	放电容量/（A·h）
16.565	33.13

2）放电能量和质量能量密度

电池的测试数据缺少 6 月 20 日 11：56—14：23 共 8 820 个数据，无法得到电池的准确放电能量。

由于电池在冷冻 13 h 后无法完成激活，我们把试验的目的就更改为电池的激活条件。首先在常温下正常激活后，确定电池可以使用，然后把装好盐溶液的电池放置在 - 10 ℃下，在 3 h 后仍然可以成功激活。

该黑色箱体镁空气电池以前做过展示活动，又经过了一段时间的自腐蚀，镁板可能剩余不多，所以没有继续冷却，进行了放电试验。试验过程中消耗的盐溶液质量没有准确的记录，无法计算出准确的电池质量能量密度。黑色箱体镁空气电池的放电曲线如图 6 - 29所示。

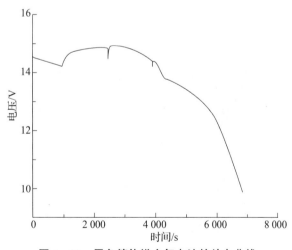

图 6 - 29　黑色箱体镁空气电池的放电曲线

在 - 10 ℃下，电池的温度一直保持在较低状态，电池的放电电压稳定保持在 14.7 V左右，40 000 s 后，电压快速下降，可能是因为腐蚀物过多，镁板内阻值急速上升。

根据补全的数据，电压乘电流对时间积分得 521.84 W·h，所以电池在试验过程中总的放电能量为 521.84 W·h。

（1）电池空重质量能量密度为 $521.84 \div 3.228 = 161.66$ （W·h）/kg。

（2）加电解液电池质量能量密度为 $521.84 \div 5.039 = 103.56$ （W·h）/kg。

6.3.3　镁基电池放电性能测试

在 -25 ℃测试金属燃料电池放电性能，首先对电池所用碱性电解液、盐溶液、#3 镁空气电池的电解液进行低温冷冻测试，测试条件和结果如表 6–14 所示。

表 6–14　三种电解液低温测试条件和结果

电解液 温度/℃	碱性电解液	盐溶液	#3 电解液
18	液态	液态	液态
−10	液态	液态	液态
−20	液态	完全结冰	液态
−25	液态	完全结冰	完全结冰
−30	液态	完全结冰	完全结冰
−40	液态	完全结冰	完全结冰

18 ℃液态盐溶液、−10 ℃液态盐溶液、−20 ℃完全结冰盐溶液如图 6–30 所示。

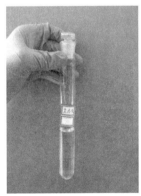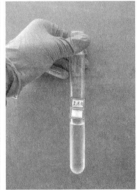

图 6–30　从左至右，依次是 18 ℃、−10 ℃、−20 ℃盐溶液

18 ℃液态#3 电解液、−20 ℃液态#3 电解液、−25 ℃完全结冰#3 电解液如图 6–31 所示。

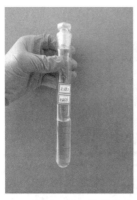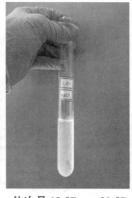

图 6-31　从左至右，依次是 18 ℃、-20 ℃、-25 ℃#3 电解液

18 ℃液态碱性电解液、-25 ℃液态碱性电解液、-40 ℃液态碱性电解液如图 6-32 所示。

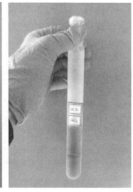

图 6-32　从左至右，依次是 18 ℃、-25 ℃、-40 ℃液态碱性电解液

1) -25 ℃下放电性能测试

由于各类金属燃料电池在 -25 ℃下放电方式不同，在下述内容中分别进行讨论。

(1) #2 (6 ℃电解液) 测试。#2 (6 串 2 并) 镁空气电池箱体在 -25 ℃下冷冻 12 h，然后加入 6 ℃电解液，以 2 A 电流放电，测试现场如图 6-33 所示。

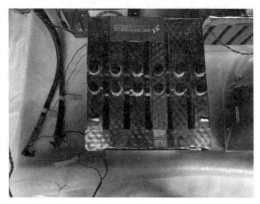

图 6-33　#2 (6 串 2 并) 镁空气电池箱体测试现场

其电压和温度随时间变化曲线如图 6-34 所示。

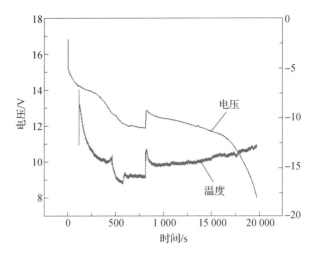

图 6-34　电压和温度随时间变化曲线

由图 6-34 可知，在前半部分，随着温度的下降，电池放电电压也逐渐下降，打开舱门补充氧气后，温度和电压都有突升，之后随着氧气的消耗，电压下降越来越快。

（2）#9 锌空气电池。#9 锌空气电池以 50 W 定功率放电，测试现场如图 6-35 所示。

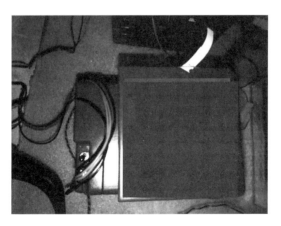

图 6-35　#9 锌空气电池测试现场

其电压和温度随时间变化曲线如图 6-36 所示。

由图 6-36 可知，该电池使用加热设备预热后，电压保持稳定，温度基本保持在 7 ℃左右，可以稳定工作。

（3）其他电池。#4（有风扇）铝空气电池、#2（6 串 2 并，加液冷冻）镁空气电池、#6 黑色箱体铝空气电池、#7 蓝色箱体铝空气电池测试现场如图 6-37～图 6-40 所示。

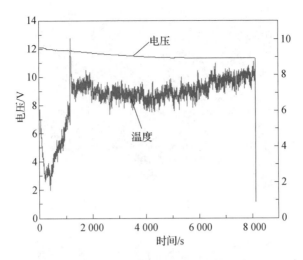

图 6 - 36　电压和温度随时间变化

图 6 - 37　#4（有风扇）铝空气电池测试现场

图 6 - 38　#2（6 串 2 并，加液冷冻）镁空气电池测试现场

图 6 – 39　#6 黑色箱体铝空气电池测试现场

图 6 – 40　#7 蓝色箱体铝空气电池测试现场

其电压和温度随时间变化曲线如图 6 – 41～图 6 – 44 所示。

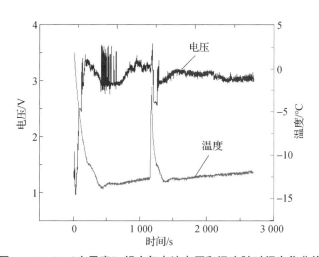

图 6 – 41　#4（有风扇）铝空气电池电压和温度随时间变化曲线

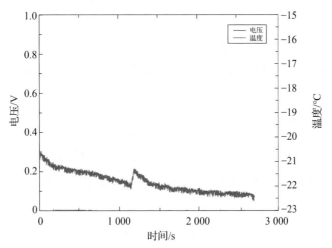

图 6 - 42　#2（6 串 2 并，加液冷冻）镁空气电池电压和温度随时间变化曲线

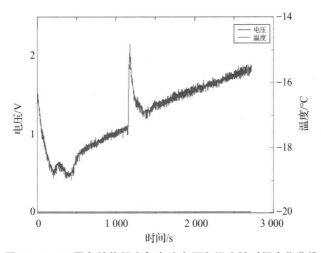

图 6 - 43　#6 黑色箱体铝空气电池电压和温度随时间变化曲线

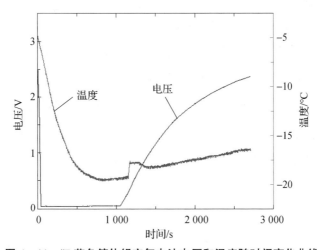

图 6 - 44　#7 蓝色箱体铝空气电池电压和温度随时间变化曲线

由图 6-41~图 6-44 可知,4 种电池在 -25 ℃下都无法放电。其中,#2(6 串 2 并,加液冷冻)镁空气电池和#6 黑色箱体铝空气电池电压为 0;#4(有风扇)铝空气电池电压基本稳定在 3 V;#7 蓝色箱体铝空气电池随温度的缓慢上升,电压也逐渐上升,稳定在 2.5 V。

2)试验结果

-25 ℃测试各金属燃料电池质量能量密度如表 6-15 所示。

表 6-15　-25 ℃测试各金属燃料电池质量能量密度

序号	电池名称	低温放电能量 /(W·h)	电池和电解液 总质量/kg	低温能量密度 /(W·h·kg^{-1})
1	#2(6 串 2 并,箱体冷冻)	227	5.545	40.94
2	#2(6 串 2 并,加液冷冻)	0	5.534	0
3	#4(带风扇)	9.2	3.086	2.984
4	#6 黑色箱体	0	7.723	0
5	#7 蓝色箱体	3	3.818	0.79
6	#9	125.4	4.222	29.70

从表 6-15 可知,质量能量密度最大的是#2(6 串 2 并,箱体冷冻),为 40.94(W·h)/kg,由于其电解液没有冷冻,所以 -25 ℃下,#9 锌空气电池质量能量密度最大,为 29.70(W·h)/kg。

(1)金属燃料电池低温性能。从黑色箱体镁空气电池的测试中可以看出,电池如果可以成功激活,在低温条件下放电会更加稳定,但是激活条件需要进一步试验。

(2)各电池的质量能量密度对比。

如图 6-45 所示为各电池的质量能量密度雷达图。从图中可知,质量能量密度最大的是#2(6 串 2 并,箱体冷冻),在试验过程中,该电池加入 6 ℃电解液;#9 锌空气电池质量能量密度次之,其余电池在 -25 ℃下都无法放电。

(3)在电解液不结冰的情况下,低温下的电池也不一定有良好的放电性能。

(4)在低温下,电池需要有良好的自加热和保温能力。

(5)#9 电池所用加热设备为电池本身和锂电池联合供电,启动完成后,电池保温能力良好。

(6)实验前景展望。项目通过对负极材料、正极材料、低温电解液及组装的研究,目前已经能制备出相应镁空气电池的样品,并提供样机进行相应的性能测试评估。技术指标完成情况对照表如表 6-16 所示。

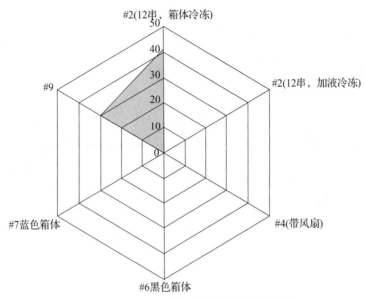

图 6-45　各电池的质量能量密度雷达图

表 6-16　技术指标完成情况对照表

类别	考核指标	完成情况	评价
基本电性能	额定电压：12 V 额定功率：20 W 质量：不大于 2 000 g（总重） 能量密度：不小于 300（W·h）/kg 在额定电流下电池放电时间：≥24 h（截止电压 10 V）	电压：14.3 V（-25 ℃） 放电电流：2 A 功率：≥20 W（-25 ℃） 质量：2~2.5 kg 能量密度：≥330（W·h）/kg 在额定电流下电池放电时间：≥24 h（截止电压 10 V）	加水后质量略超重，可以通过电池外壳材料轻量化实现达标
环境适应性	存储温度：-25~65 ℃ 工作温度：-20~50 ℃ 低温启动时间：不大于 10 s，（-20 ℃冷冻）	存储温度：-25~65 ℃ 工作温度：-20~50 ℃ 低温启动时间：不大于 10 s，（-20 ℃）	已完成
安全性	遭受 7.62 mm 枪击后不起火不爆炸	枪击后仅出现漏水现象，并不会起火爆炸	已完成

①金属燃料电池加注一次盐溶液放电时间。在实际应用过程中可能不会有补充盐溶液的时间，所以应该需要测试加注一次盐溶液后电池的放电时间和放电能量。

②金属燃料电池质量能量密度。在本次试验中，对于黑色箱体镁空气电池并没有得出

准确的质量能量密度，需要做进一步试验。

③试验过程数据采集。在本次试验中，黑色箱体镁空气电池的数据采集都使用 1 s 更新 1 次的频率，都出现了数据缺失；小容量镁空气电池使用 5 s 更新 1 次的频率，数据完整。

下次试验可以适当降低数据采集频率或者采用另外的设备进行试验。

④金属燃料电池低温性能。在本次试验中，由于样本的缺少和初次试验不了解低温条件下电池反应，黑色箱体镁空气电池的低温性能测试无法顺利进行。在后续的试验中可以在以下方向上继续进行研究：

a. 在电池和盐溶液分开储存并被外界温度完全浸透的情况下，探索可以成功激活的最低温度，并测试加注一次盐溶液放电容量、最大放电容量和质量能量密度。

b. 在电池已经加注盐溶液并被外界温度完全浸透的情况下，探索可以成功激活的最低温度，并测试加注一次盐溶液放电容量、最大放电容量和质量能量密度。

在电池和盐溶液温度不同的情况下，分别探索可以激活 $-50\ ℃$、$-40\ ℃$、$-30\ ℃$、$-20\ ℃$、$-10\ ℃$ 和 $0\ ℃$ 下金属燃料电池的最低盐溶液温度。

6.4 电池模组放电性能评定

6.4.1 "两正一负"电池模组

利用两正极一负极单体电池进行组装，制备出整体镁空气电池。为满足项目设计的性能要求，该电池采用 12 个单体电池进行组装，并将其放置到一个整体设计的外壳中起到保护作用，对其进行相应的电池性能测试，如图 6-46 所示。

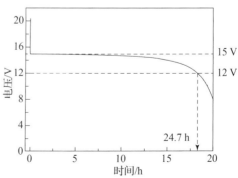

图 6-46 镁空气电池样机及性能测试曲线

对两正极一负极单体电池进行组装的整体镁空气电池进行放电性能曲线测试。在 1.8 A 恒流下进行放电测试。电池的放电电压能达到 15 V，反应开始时电池电压稳定，然后随着电池的使用与反应的进行，电池电压会缓慢下降，截止到 12 V 左右电池的使用时间是 24.7 h。放电功率：20~30 W。但该电池质量达到近 5 kg，较重，后续需要减重改进研究。

调整电池的整体结构后，利用两正极一负极单体电池进行组装，制备出整体镁空气电池。为满足项目设计的性能要求，该电池采用 12 个单体电池进行组装，并将其拆分成两个 6 个一组的电池，可以单用，也可以通过连接线合并使用，如图 6-47 所示。

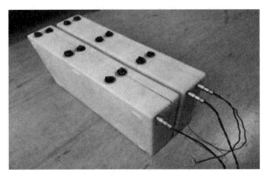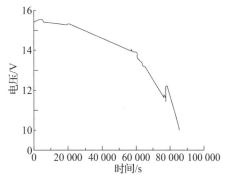

图 6-47　镁空气电池样机及性能测试曲线

对两正极一负极单体电池进行组装的整体镁空气电池进行放电性能曲线测试。在 2 A 恒流下进行放电测试。可以看出，在电池开始放电的 1~2 h，电压缓慢增加到电池最高电压 15.45 V 左右，之后平稳缓慢下降，在电解液消耗一段时间之后，继续往电池内加注盐溶液至没过镁板，加注盐溶液之后，电池电压会短暂增加，之后继续下降。以 10 V 为有效截止电压，放电时间累计 25.155 h，放电功率在 20~30 W，放电容量为 50.31 A·h，放电能量为 666.84 W·h，放电质量能量密度为 172.85 (W·h)/kg。能量密度相对于单体电池计算的降低，是由于整体电池在设计时，还设计了外壳部分作为保护，因此提高了整体的质量，导致能量密度下降。

研究分析了整装测试的性能与样机设计质量后，我们对空气电池组进行了调整，去除了外壳结构，用最简单的装配方式制备了电池样机，并检测电池的常温及低温性能。镁空气电池样机如图 6-48 所示。

在室温条件下，将制备好的电池样品与电池测试仪按测试要求接好，注满已配好的电解液，并称量出注入电解液的质量。设定测试仪 2 A 恒流放电，电池的截止电压设定为 10 V。室温测试时室内温度为 18 ℃。

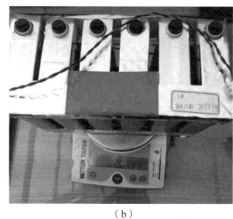

（a）　　　　　　　　　　　　（b）

图 6 - 48　镁空气电池样机

A 样品电池为两正极一负极单体电池 12 组串联，测试过程中为一次性添加电解液。A 组电池样品均采用恒流放电，如图 6 - 49 所示是两种电池样品在常温下的放电行为。

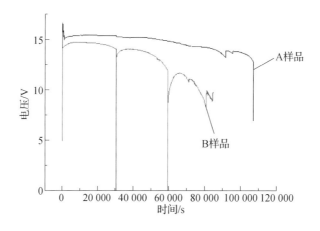

图 6 - 49　两种电池样品在常温下的放电行为

由图 6 - 49 可以看到，A 样品电池起始电压在 15.1 V，且激活时间很短，电池在前期会有略微上涨，电压最高到 15.5 V，整体反应过程较为平稳，电池放电过程中温度在 30 ℃左右。电池在 2 A 恒流放电时间达到 29.5 h，测试结束时电压从 13 V 瞬间降到 6 V。整体放电过程中放电容量达到 871.1 W·h。通过测算，A 样品电池能量密度为 335.04（W·h）/kg。

6.4.2　"两正两负"电池模组

用两正极两负极单体电池进行组装，制备出整体镁空气电池。为满足项目设计的性能要求，该电池采用 6 个单体电池进行组装，如图 6-50 所示。

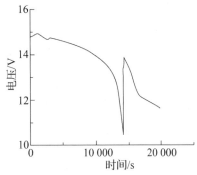

图 6-50　镁空气电池样机及性能测试曲线

在 2 A 恒流下进行放电测试，可以看出，在电池放电开始后的 1~2 h，电压缓慢增加到电池最高电压 14.8 V 左右，之后平稳缓慢下降，在电解液消耗一段时间后，继续向电池内加注盐溶液至没过镁板，加注盐溶液后，电池电压会短暂增加，之后继续下降。以 10 V 为有效截止电压，放电时间累计 5.535 h，放电功率在 20~26 W，放电容量为 11.07 A·h，放电能量为 149.64 W·h，放电质量能量密度为 91.47（W·h）/kg。能量密度相比于单体电池的计算数据较低，是由于整体电池在设计时，还设计了外壳部分作为保护，因此提高了整体的质量，导致能量密度下降。研究分析了整装测试的性能与样机设计质量后，我们对空气电池组进行了调整，去除了外壳结构，用最简单的装配方式制备了电池样机，并检测电池的常温及低温性能。镁空气电池样机如图 6-51 所示。

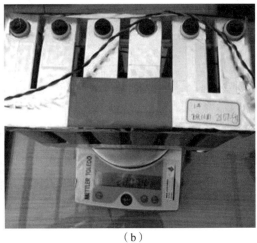

（a）　　　　　　　　　　　　　　（b）

图 6-51　镁空气电池样机

在室温条件下，我们将制备好的电池样品与电池测试仪按测试要求接好，注满已配好的电解液，并称量出注入电解液的质量。设定测试仪 2 A 恒流放电，电池的截止电压设定为 10 V。室温测试时室内温度为 18 ℃。

B 样品电池为两正极两负极单体电池 6 组串联，测试过程为每隔 8 h 左右更换电解液，B 两组电池样品均采用恒流放电。

由图 6-49 可以看到，B 样品电池起始电压在 14.3 V，且激活时间很短，电池在前期会有一个上涨过程，电压最高涨到 14.7 V，之后保持较为平稳的电压平台。电池反应过程中更换电解液 3 次，每次换液后，电压都会有一定的下降，第三次换液后，电压快速下降至截止电压。电池放电过程中温度在 50 ℃左右。电池在 2 A 恒流放电时间达到 24 h。整体放电过程中放电容量达到 675.8 W·h。通过测算，B 样品电池能量密度为 337.9（W·h）/kg。

6.4.3　金属燃料电池样机

测试目的：为了能够充分研究电池放电理论和电池性能影响因素，分别对镁空气单体电池和电池组进行放电性能测试。镁空气单体电池的放电性能关系到整体电池组的性能水平，因此通过对单体电池进行恒压放电和恒流放电测试，确定单体电池的最大输出功率以及电池放电时间和电池容量，基于最佳空气电极制备工艺，制备两种规格单体电池，将其串联组合成电池组，分别对单体电池和电池组进行放电性能测试，研究电池放电性能参数之间的关系。将研制的镁空气电池组搭载于电动车模型，对其进行放电性能测试，验证其在电动车模型上的实际应用效果[6]。

测试对象：功能样机。

1）两正极一负极结构单元电池

根据镁空气电池正负极距离的关系，组装带有双面正极的空气电池装置，该装置中间可插入负极板材，即单体电池采用"两正一负"的装配方式进行设计，在板材的两面同时实现放电反应。从图 6-52 中单体电池的结构示意图看，该设计的优点在于能够减少正极材料所承载的电流密度，从而延长正极材料的使用寿命，同时可以提高单体电池的放电电压。

"两正一负"的单体电池设计充分利用了电池并联的特点，将正极材料的电流密度尽可能减小，使整体的电性能得到一定提升，额定电流下放电电压较高，平稳放电时长和能量密度能够达到项目的要求指标。而且"两正一负"的电池可以根据不同需求进行灵活设计，也便于电池模块化的设计研究。

由图 6 - 52 中单体电池的放电性能曲线可见，在 1.8 A 恒流下进行放电测试。可以看出，电池最高电压达到 1.271 V；以 1.0 V 为有效截止电压，放电时间累计 27 h，放电功率在 1.8 ~ 2.286 W，放电容量为 48.5 A·h，放电能量为 58.1 W·h，放电质量能量密度为 314.05（W·h）/kg。

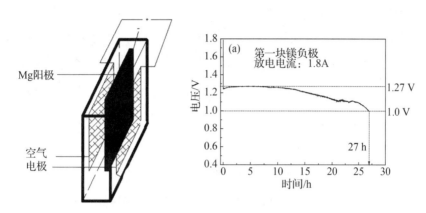

图 6 - 52　两正极一负极单体电池结构示意图及相应电池性能测试

继续使用设计后的单体电池在 1.8 A 电流下进行放电测试，测试过程中不补加电解液，然后更换一次镁合金负极材料，在 3 A 电流下重复使用测试，测试单体电池在不同大电流使用下重复使用的情况，如图 6 - 53 所示。

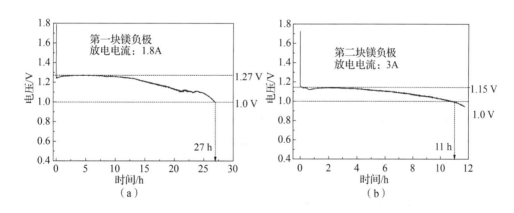

图 6 - 53　3D 打印灰盒子单电池在 1.8 A、3.0 A 下的放电测试曲线

(a) 1.8 A；(b) 3.0 A

第一块镁板在 1.8 A 恒流下进行放电测试。可以看出，电池最高电压达到 1.271 V；以 1.0 V 为有效截止电压，放电时间累计 27 h，放电功率在 1.8 ~ 2.286 W，放电容量为 48.5 A·h，放电能量为 58.1 W·h，放电质量能量密度为 774.67（W·h）/kg，放电质量能量密度为 314.05（W·h）/kg。

更换第二块镁板后，在 3.0 A 大电流下继续放电，电池最高电压达到 1.15 V；以 1.0 V 为截止电压时，放电时间达 11 h，放电功率在 3~3.45 W，放电容量为 32.467 A·h，放电能量为 35.63 W·h，放电质量能量密度为 475（W·h）/kg，放电质量能量密度为 192.59（W·h）/kg。

2）"两正两负"设计

根据"两正一负"单体电池的空间较大的问题，设计了"两正两负"的结构。该结构是两个"一正一负"的单元电池在同一个单体盒子中串联，两个单元电池利用隔板将其分开，避免产生短路现象，该设计的好处在于单体电池的电压是两个单元电池的电压之和，可以适当减少电池的设计空间。

由图 6-54 中单体电池的放电性能曲线可见，单体电池测试均在 1.8 A 情况下恒流放电，一次性添加电解液时，如图 6-54（a）所示，其开始的放电电压达到 2.5 V，放电较为平稳，截止电压 2.0 V 时连续放电 6.36 h，此时放电功率在 3.6~4.5 W，放电容量为 11.443 A·h，放电能量为 27.354 W·h，放电质量能量密度为 146.178（W·h）/kg。考虑到一次性添加电解液后，在反应过程中电解液有很明显的减少情况，故而进行多次添加电解液测试，如图 6-54（b）所示，其开始的放电电压也达到 2.5 V，放电较为平稳，截止电压 2.0 V 时进行了 3 次补充电解液，每次补充电解液时电压会有所回升，这说明电池在放电时电解液的量会直接影响电池的使用时间。连续放电可以达到 10.7 h，此时放电功率在 3.6~4.5 W，放电容量为 19.205 A·h，放电能量为 44.688 W·h，放电质量能量密度为 237.45（W·h）/kg。

3）"四正四负"设计

为了进一步减少整体电池的体积，使结构进一步紧凑，在"两正两负"的结构基础上，设计了"四正四负"的结构。该结构是四个"一正一负"的单元电池在同一个单元体盒子中串联，每个单元电池利用隔板将其分开，避免产生短路现象，该设计的优势在于单体电池的电压会是 4 个单元电池的电压之和，可以很大程度上减少整体电池的设计空间。

由图 6-55 中单体电池的放电性能曲线可见，单体电池测试在 1 A 情况下恒流放电，其开始的放电电压达到 5.02 V，放电较为平稳，截止电压 4.0 V 时连续放电 6.1 h，此时放电功率在 4~5 W，放电容量为 6.142 A·h，放电能量为 29.233 W·h，放电质量能量密度为 182.71（W·h）/kg。

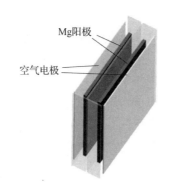

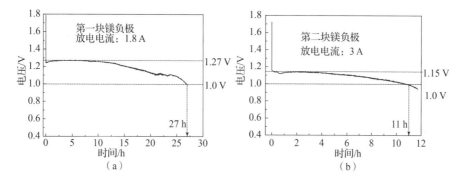

图 6 - 54　两正极两负极单体电池结构示意图及相应电池性能测试

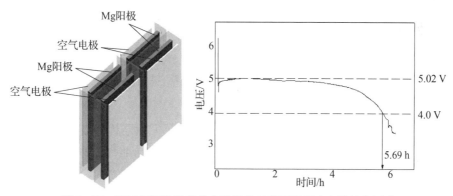

图 6 - 55　四正极四负极单体电池结构示意图及相应电池性能测试

"四正四负"的单体电池设计同样利用了电池串联的特点，将在相同体积下单体电池的放电电压进一步放大，使得整体电池的空间得到更大压缩。但正极电流密度较大，能承载的电流比较小（2 A 电流难以支撑平稳），且电解液空间更小，使得单体电池的放电时长受到很大影响，使用时间难以满足需求。同时，由于一个盒体内 4 个单元电池串联，在添加电解液时，若电解液注入控制不当将导致 4 个单元电池短路的现象。

4）几种设计的优劣对比

根据几种单体结构的设计及测试情况来看，几种结构各有各特点。如表 6 - 17 所示是几种不同结构的优缺点对比。

表 6-17　几种不同结构的优缺点对比

结构	优点	缺点
两正极一负极	能有效减少正极承载的电流密度； 提高单元电池的放电电压； 延长单体电池的使用时长	单体电池内部空间比较大，整体体积难以减少
两正极两负极	适当的减少了整体体积； 电池的电压比较高	正极承载的电流密度较高； 影响了单体电池的使用时长
四正极四负极	进一步减少整体体积； 电池的电压比较高	正极承载的电流密度很高，导致承载不了太大的电流；严重影响了单体电池的使用时长；内部短路的风险比较高

　　由表 6-17 可以看出，随着整体电池空间的压缩，单体电池需要设计更多的单元电池在内。虽然电压有明显的增加，但由于空间的减少以及相应正极材料承载电流密度的增加，会导致单体电池的使用时间明显减短。因此，在考虑电池设计时，还是存在着空间与性能之间的相互平衡关系，有针对性地设计不同性能要求的电池。另外在单体电池内单元电池设计得越多，整个单体电池内部越容易出现短路的现象，严重影响单体电池的使用。结合本章讨论的相关性能要求，两正极一负极的单体电池比较适合，但考虑到空间问题两正极两负极的单体电池也可以进行整体电池的设计试验。

　　5）多组单电池盒子串联联动性能测试

　　（1）两组电池串联联动测试。采用两正极一负极单电池结构，以自制镁合金为负极，在1.8 A恒流下进行两组单电池串联放电测试，结果如图6-56所示。

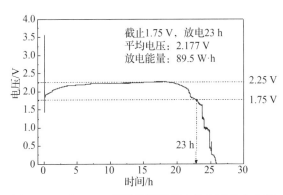

图 6-56　在 1.8 A 恒流下两组单电池串联放电曲线

由图 6 – 56 可见，电池最高电压 2.25 V；以 1.75 V 为截止电压时，放电 23 h；平均电压 2.177 V，放电能量达到 89.5 W·h。同时测试时发现，在反应过程中单电池的反应温度达到 40 ℃，两个单体电池之间间隙的温度达到 35 ℃。

（2）6 组电池串联联动测试。以自制镁合金为负极、自制空气电极为正极，用两正极一负极的单体结构组装镁合金空气电池组，共组装 6 组电池，在 1.8 A 电流下放电测试，13 h 后加一次电解液。

由图 6 – 57 （a）~（f）可见，每组单电池在 1.8 A 电流下放电的最高电压达到 1.3 V；以 1.0 V 为截止电压时，放电时间在 17~23.5 h。由于电极片存在一致性问题，单个电池的使用时间有所差异。如图 6 – 57 （g）所示是电池的整体放电性能曲线，由图可见，在 1.8 A 电流下放电时，电池组（6 个单电池）的最高放电电压达到 7.8 V 以上，以 6.0 V 为截止电压时，放电时间在 21 h，与各个电池的平均反应时间差不多，可见，不同单体电池存在一定的使用时间差异的时候，会影响整体电池的放电时间。放电功率在 10.8~14.04 W，放电容量 37.208 A·h，放电能量 277.547 W·h，放电质量能量密度 616.77 （W·h）/kg，放电质量能量密度 250.04 （W·h）/kg。

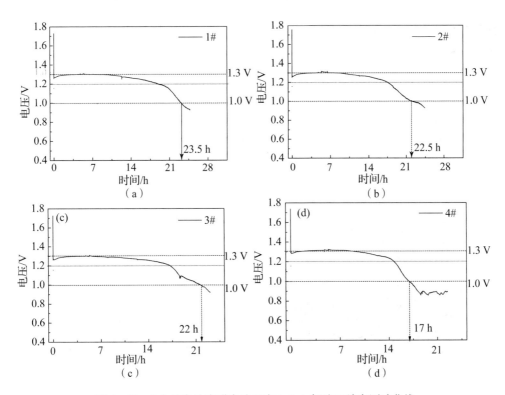

图 6 – 57　6 个单电池串联电池组在 1.8 A 恒流下放电测试曲线

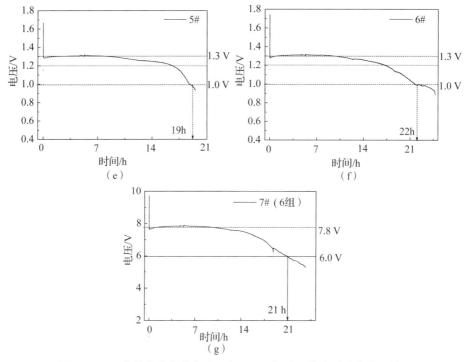

图 6－57　6 个单电池串联电池组在 1.8 A 恒流下放电测试曲线（续）

我们对电池的结构设计、样机组装结构也进行了一定的研究。通过不同的结构设计方式，尽可能发挥电池的性能，同时采用不同组装方式，制备符合指标要求的样机。

6）电极间距的设计

电池正负极材料之间的距离对于电池反应程度有一定的影响，电池间距过大，电池的反应电压相对偏低，电池间距过小，两极之间的空间变小，腐蚀产物就越容易堆积在正负极之间，从而发生堵塞，影响电池的正常放电。如图 6－58（a）所示为自制空气电池正负极之间距离测试装置图，如图 6－58（b）所示为测试示意图。

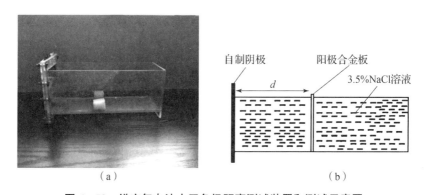

图 6－58　镁空气电池中正负极距离测试装置和测试示意图

（a）测试装置图；（b）测试示意图

在电池结构中，正极与负极之间的距离会产生溶液电阻，过大的距离会导致电池的内阻升高。镁空气电池在放电过程中，负极板材在溶解的过程中会产生大量不溶于水的氢氧化物。部分氢氧化物会悬浮在电解液中，部分会沉入电池底部。氧化产物导电性能极差，悬浮的产物同样会阻碍电荷移动。所以，在镁空气电池长时间的放电过程中需要考虑镁负极与空气正极之间的距离。通过如图6－58（a）所示的装置，控制镁负极与空气正极之间的距离，应用2.5 mA/cm² 电流密度放电5 h后，求出平均放电电压，可以得到如图6－59所示的平均电压与距离（D）之间的关系函数图。

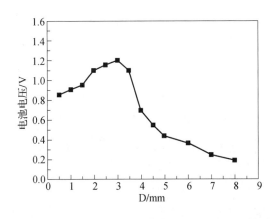

图6－59　镁空气电池的平均放电电压与正负极距离关系

从图6－59中可以看出，当距离很近的时候，放电电压平均值并不高；当距离 D 从0.5 mm 增加到3 mm，平均电压逐渐升高；之后随着距离 D 进一步增加，放电电压平均值逐渐降低；当距离 D 增加到8 mm 左右时，放电电压平均值降到0.2 V。这就说明，正负极之间的距离在放电过程存在一个最佳值范围，当电池装置的距离在此范围内，电池的放电可以达到最佳的放电效果。正极与负极之间的距离太过于近时，电压不高的主要原因为距离较近会引起电极表面的浓差极化。电解液中的电化学反应过快，正负极之间的物质扩散跟不上反应速度。镁负极发生反应，形成大量的镁离子首先会聚集在镁负极表面电解液层，随后通过扩散作用使镁离子进入电解液中。

7）单电池结构研究

单体电池是由正负极材料根据合理设计形成的单元电池系统，它是整体电池制备的基础。对单电池进行了不同形式的结构设计，先后设计了两正极一负极、两正极两负极、四正极四负极等多种结构，通过相应的测试对比，分析了不同结构之间的优缺点。

8）镁空气电池规格制备

（1）镁空气电池规格Ⅰ组制备。车载动力电池往往由多组电池串并联形成大功率动力电源组，立足于电动汽车用镁空气电池研究基础上，单独研究镁空气单体电池不能很好表达其成组后性能，因此，对镁空气单体电池进行多组电池排布。

①空气电极。空气电极制备工艺为第 2 章所确定最佳制备工艺，单个空气电极的有效面积为 60 mm×60 mm，电极片厚度为 1.5 mm，镍网预留 2 mm 引出导电片位置。

②阳极板。阳极仍用镁合金板（型号为 ZK60），尺寸大小为 75 mm×75 mm×4 mm。

③电池壳体。壳体材料为亚克力板，壳体壁厚为 5 mm，单体电池壳体尺寸为 90 mm×25 mm×85 mm，电池组总尺寸为 220 mm×100 mm×90 mm。

该电池组由 8 组单体电池串联组成，两极板间距为 5 mm，正负电极之间用镍片连接。两单体电池之间的间隔距离为 5 mm，对应外部壳体预留格栅，方便气体流通。如图 6 - 60 所示为规格 I 电池组。

图 6 - 60　规格 I 电池组

（2）镁空气电池规格 II 组制备。

①空气电极。空气电极制备工艺不变，配比参数稍有变化，单个有效面积为 120 mm×120 mm，是规格 I 空气电极面积的 4 倍，电极片厚度为 1.5 mm，镍网预留 2 mm 引出导电片位置。

②阳极板。阳极仍用镁合金板（型号为 ZK60），尺寸大小为 135 mm×125 mm×4 mm。

③电池壳体。壳体材料为亚克力板，壳体壁厚为 10 mm，单体电池壳体尺寸为 140 mm×140 mm×20 mm，电池组总尺寸为 205 mm×160 mm×150 mm。

该电池组由 8 组单体电池串联而成，两单体电池之间的间隔距离为 5 mm，对应外部壳体预留格栅，方便气体流通，两极板间距为 5 mm，镁板采用插拔式，两电极之间的连接方式为插接式[6]。如图 6 - 61 所示为规格 II 电池组。

图 6 - 61　规格Ⅱ电池组

9）测试过程

（1）测试准备。先将 8 块镁阳极板打磨清洗干净，将其插入每组电池预留卡扣，两单体电池之间进行串联，最后预留正负极接入电池测试装置，对其进行恒压放电测试。

（2）规格Ⅰ电池组放电性能测试。设定电池的放电电压，观测电池的电流和功率变化状态，并测试电池在不同输出电压情况下电池的电流和功率，如图 6 - 62 所示。

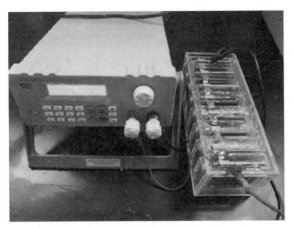

图 6 - 62　规格Ⅰ电池组恒压放电测试

（3）规格Ⅱ电池组放电性能测试。设定电池的放电电压，观测电池的电流和功率变化状态，并测试电池在不同输出电压情况下电池的电流和功率，如图 6 - 63 所示。

图 6 – 63　规格 II 电池组恒压放电测试

为了验证镁空气电池实际应用效果，搭建 4 组规格 I 镁空气单体电池，以串联的方式组成镁空气电池组，将其搭载于电动车模型，对其进行实际放电测试。

（4）镁空气电池组模型搭建。电池壳体全为亚克力板材质，主要由电解液槽、阴极板压盖、镁阳极板支柱组成。

电池由空气电极、镁合金板（ZK60）及浓度为 10% 的 NaCl 电解液组成，单体电池尺寸大小为 90 mm × 25 mm × 85 mm，两电极与电解液有效接触面积为 60 mm × 60 mm，两电池正负极之间采用镍片焊接连接[6]。

10）测试结果

（1）镁空气电池规格 I 组测试结果。如图 6 – 64 所示为规格 I 电池组恒压放电测试结果。

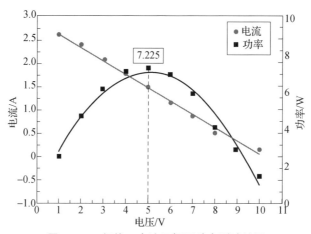

图 6 – 64　规格 I 电池组恒压放电测试结果

由图 6 – 64 可知，电池组的电流和功率随电压变化关系的趋势和单体电池一致，电池的开路电压为 12 V，当输出电压为 5 V 左右时，输出功率达到最大值，为 7.225 W，此时的输出电流为 1.456 A。

（2）镁空气电池规格 Ⅱ 组测试结果。如图 6-65 所示为规格 Ⅱ 电池组恒压放电测试结果。

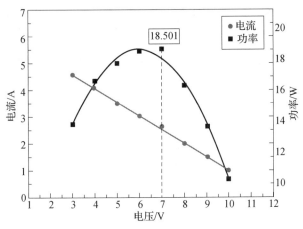

图 6-65　规格 Ⅱ 电池组恒压放电测试结果

由图 6-65 可知，电池的开路电压是 12 V，输出功率随着输出电压的增大先增大后减小，当电池的输出电压为 7 V 左右时，电池的输出功率最大，达 18.5 W，此时对应的输出电流达 2.6 A 左右。

对比两种规格电池组测试结果可以发现，随着单体电池面积的增大，电池的开路电压并没有变化，表明电池的额定电压与电池的本身材料以及串联个数有关，与电池正负极面积大小无关。对于每组电池的输出功率，基本均为每个单体电池单个输出功率之和，由于一致性、测试条件等因素的影响，导致电池组实测值与理论值有一定偏差[6]。

（3）车载镁空气电池组模型搭建及验证。将搭建完成的镁空气电池组搭载于电动车模型，将其正负极与电动车模型控制板连接，驱动电动车模型所需电池的电压为 3.7 V，电流为 500 mA。通过对镁空气电池组进行放电性能测试，该电池组的开路电压为 7 V，当以 500 mA 电流放电时，输出电压为 4.07 V，满足电动车模型行驶要求的电池组总容量为 5.306 A·h，可供该电动车模型行驶 10.6 h，相比于原配电池组，展现出更加优异的续驶里程[6]。

车载镁空气电池组模型如图 6-66 所示。

图 6-66　车载镁空气电池组模型

第7章　金属燃料电池安全性评价

锂电池的安全性标准已经过多年的研究，拥有成熟且完整的标准体系，对金属燃料电池安全性标准有重要的指导意义。现根据金属燃料电池本身的特性与它和锂电池的共性，对金属燃料电池的安全性提出以下测试标准。

7.1　放电损伤安全性

1. 过度放电[197]

（1）试验对象：单体电池和电池模块。

（2）试验目的：评估试样过度放电后的安全性能。

（3）GJB 6789—2009 中 4.6.15 规定，试样以 $0.2I_1$ A 电流进行放电，至零伏时终止。

（4）GB 38031—2020 中 8.1.2 规定，试样以 $1I_1$ A 电流进行放电，90 min 后停止。

（5）由于终止条件基本相同，从测试效率角度考虑蓄电池推荐引用 GB 38031—2020 中 8.1.2 测试，原电池推荐使用 GJB 916B—2011 中 4.7.9.4 测试。

2. 过载放电[198]

（1）试验对象：电池模块。

（2）试验目的：评估试样以超出最大放电电流的条件放电后的安全性能。

（3）GJB 916B—2011 中 4.7.9.4 规定，试样以规定的过载放电率进行放电，直至试样电压达到规定的放电终止电压或将放电电流限制到规定的过载放电率以下时为止。

（4）GB 31241—2022 中 9.5 规定，试样以 1.5 倍的过流放电保护电流恒流放电。对于移除保护电路的电池组放电至放电终止电压，对于保留保护电路的电池组放电至保护电路动作。

（5）由于 GB 31241—2022 中规定的测试条件明确，执行性强，故推荐引用 GB

31241—2022 中 9.5 测试。

3. 外部短路[199]

（1）试验对象：单体电池和电池模块。

（2）试验目的：评估试样由于外部因素导致短接后的安全性能。

（3）GJB 2374A—2013 中 A.3.1 规定，用最大电阻 50 mΩ 的导线连接试样的正、负极，进行 20 ℃ 和 60 ℃ 的外部短路试验，短路应至少持续 1 h。

（4）GB 38031 中 8.1.4 规定，用电阻小于 5 mΩ 的导线连接试样的正、负极端子，持续 10 min。

（5）电阻越小，电流越大，短接后的安全隐患越大，由于军用使用场景会存在不同温度的条件，故推荐引用 GB 38031 中 8.1.4 的测试方法。

4. 静电放电[200]

（1）试验对象：电池模块。

（2）试验目的：评估试样在遭受到瞬间高电压后的安全性能。

（3）引用 GB 31241—2022 中 4.7.4 b）规定的方法，对电池组每个输出端子进行 4 kV 接触放电测试（±4 kV 各 10 次），以及 8 kV 空气放电测试（±8 kV 各 10 次）。

7.2　物理损伤安全性

1. 挤压[201,202]

（1）试验对象：单体电池、电池模块。

（2）试验目的：评估试样在遭受到外力挤压时的安全性能。

（3）挤压的关键参数有挤压板、挤压速度、挤压方向、形变量，相关的标准要求如表 7 - 1 所示。

（4）由于其他新标准，均采用圆柱挤压法，故推荐引用 GB 38031—2020 中 8.1.7 的测试方法。半径 75 mm 的半圆柱体，不大于 2 mm/s 挤压速度，垂直于试验对象方向施压，单体电压达到零伏或形变量达到 15% 或挤压力达到 100 kN 或 1 000 倍试验对象质量后停止挤压，模块挤压力达到 100 kN 或挤压变形量达到挤压方向的整体尺寸的 30% 时停止挤压。

表 7 – 1 单体电池与电池模块关于挤压的标准

标准号	试验对象	挤压板形式	挤压速度	挤压方向	停止条件
GB/T 31485	单体电池（满电）	半径 75 mm 的半圆柱体，长度大于被挤压电池的尺寸	（5 ± 1）mm/s	垂直极板方向	电压达到零伏或变形量达到 30% 或挤压力达到 200 kN
	电池模块（满电）	半径 75 mm 的半圆柱体，长度大于被挤电池的尺寸但不超过 1 m	（5 ± 1）mm/s	整车布局上最容易受到挤压的方向	变形量达到 30% 或挤压力达到电池模块质量的 1 000 倍和规定值中的较大值，并保持 10 min
GB/T 36276	单体电池（满电）	半径 75 mm 的半圆柱体，长度大于被挤压电池的尺寸	（5 ± 1）mm/s	垂直极板方向	电压达到零伏或变形量达到 30% 或挤压力达到（13 ± 0.78）kN，并保持 10 min
	电池模块（满电）	半径 75 mm 的半圆柱体，长度大于被挤电池的尺寸但不超过 1 m	（5 ± 1）mm/s	储能系统布局上最容易受到挤压的方向	变形量达到 30% 或挤压力达到（13 ± 0.78）kN，并保持 10 min
GJB 2374A	单体电池（满电）	平板挤压法：平面钢板	约 1.5 cm/s	圆柱形或矩形电池其纵轴应平行于钢板，且矩形试样还应绕其纵轴旋转 90°	压力不小于 13 kN 或试样的电压下降到原来的 2/3 以下
		圆柱：平面钢板与电池间横放一根直径 15.8mm、长度大于试样的钢棒	0.5 ~ 1 mm/s	圆柱形或矩形电池其纵轴应平行于钢板	试样的尺寸不大于原来的 1/2 或试样的电压下降到原来的 2/3 以下

标准号	试验对象	挤压板形式	挤压速度	挤压方向	停止条件
GB 38031	单体电池（满电）	半径75 mm的半圆柱体，长度大于被挤压电池的尺寸	≤2 mm/s	垂直于电池单体极板方向施压，或与电池单体在整车布局上最容易受到挤压的方向相同	电压达到零伏或形变量达到15%或挤压力达到100 kN或1 000倍试验对象质量后停止挤压，保持10 min
	电池模组（满电）	半径75 mm的半圆柱体，半柱体的长度（L）大于试验对象的高度	≤2 mm/s	x方向和y方向（汽车行驶方向为x轴方向，另一垂直于行驶方向的水平方向为y轴方向），半圆柱体间距30 mm	挤压力达到100 kN或挤压变形量达到挤压方向的整体尺寸的30%时停止挤压
GB 31241	单体、电池组（满电）	平板挤压法：平面钢板	两平板间施加13.0 kN ± 0.78 kN的挤压力	垂直于极板方向进行挤压	压力达到最大值即可停止挤压试验，试验过程中电池应防止发生外部短路

2. 振动

（1）试验对象：单体电池和电池模块。

（2）试验目的：评估试样在使用过程中由振动引发的安全性能。

（3）振动的主要参数为振幅、频率、振动时间，相关的标准要求如表7-2所示。

表7-2 单体电池与电池模块关于振动的标准

标准号	试验对象	振幅/mm	频率范围/Hz	振动时间/min
GB 31241	单体、电池组	0.8	7～200	180
GB 21966	不同使用程度的单体和电池模块	0.8	7～200	180

续表

标准号	试验对象	振幅/mm	频率范围/Hz	振动时间/min
GJB 374A	未放电的单体、模块和电池组	0.8	10~55	46
GJB 4477	电池组	0.76	10~55	90~100

（4）其他标准规定的测试方法基本和表 7 - 2 中标准相同，通过表 7 - 2，从严苛的测试条件角度考虑推荐引用 GB 31241—2022 中 7.3 测试，在相互垂直的三个方向上对试样进行振动试验。

3. 跌落

（1）试验对象：单体电池和电池模块。

（2）试验目的：评估试样从高处坠落后的安全性能。

（3）跌落的试验参数主要有跌落高度、方向、次数、面材质，相关的标准要求如表 7 - 3 所示。

表 7 - 3　单体电池与电池模块关于跌落的标准

标准号	试验对象	跌落高度	跌落方式	跌落面材质	其他要求
GB 31241	单体电池	1 m	圆柱形电池跌落 4 次；方形电池和软包跌落 6 次	混凝土板	电池组试验后进行一次放电充电循环
	模组	1 000 mA·h 以上 1 m；1 000 mA·h 及以下 1.5 m	设备每面跌落 1 次，总计 6 次		
GB 21966	模组	1.2 m	外包装的任意一角应先触地，跌落 1 次	水泥地面	未说明
GB/T 31485	单体	1.5 m	正负端子向下跌落 1 次，总计 2 次	水泥地面	观察 1 h
	模组	1.2 m			
GB/T 36276	单体	1.5 m	正极或负极端子朝下跌落 1 次，总计 2 次	水泥地面	观察 1 h
	模组	1.2 m			

续表

标准号	试验对象	跌落高度	跌落方式	跌落面材质	其他要求
GJB 2374A	单体和模组	1.2 m	三个互相垂直的轴向上各跌落一次（共计 6 次）	混凝土地面	未说明
SJ 20941	电池单体	1.1 m	圆柱形电池在轴向和径向两个方向上，各跌落 2 次；方形电池在三个垂直方向上，各跌落 2 次	厚度不低于 20 mm 的硬木板	未说明

（4）决定跌落效果的主要为跌落高度和跌落面材质，故通过表 7-3 推荐引用 GB/T 36276—2018 中 A.2.16 和 A.3.17 测试。

4. 重物撞击

（1）试验对象：单体电池。

（2）试验目的：评估试样遭受到重物碰撞后的安全性能。

（3）重物撞击的参数主要有重物质量和撞击高度，相关的标准要求如表 7-4 所示。

表 7-4　单体电池关于重物撞击的标准

标准号	试验对象	撞击形式	重物质量	撞击高度
GB 31241	单体电池	在电池几何中心上表面横置直径为 15.8 mm ± 0.2 mm 的金属棒	9.1 kg ± 0.1 kg	610 mm ± 25 mm
GB 21966	不同使用程度的单体和电池模块	在电池中央横放直径 15.8 mm 的钢棒	9.1 kg	610 mm ± 25 mm
GJB 2374A	单体未放电电池	在试样中部横放一根长度大于试样尺寸、直径为 15.8 mm 的钢棒	9.1 kg	610 mm ± 25 mm

（4）通过表 7-4 对比各项参数基本相同，故直接引用 GJB 2374A—2013 中 B.3.4 测试。

5. 机械冲击

（1）试验对象：单体电池、电池模块。

（2）试验目的：评估试样受到冲击时的安全性能。

（3）冲击试验的技术指标包括峰值加速度、脉冲持续时间、波形（半正弦波、后峰锯齿波、梯形波）和冲击次数，相关的标准要求如表 7-5 所示。

表 7-5　单体电池与电池模块关于机械冲击的标准

标准号	试验对象	波形	峰值加速度	脉冲时间	冲击方向	冲击次数
GB 31241	单体、模组	半正弦	150 g_n	6 ms ± 1 ms	三个相互垂直方向	每个方向 3 次
GB 21966	单体、模组	半正弦	小电池 150 g_n	小电池 6 ms	三个相互垂直方向	每个方向 3 次
			大电池 50 g_n	大电 11 ms		
GJB 2374A	单体、模组	半正弦	小电池 150 g_n	小电池 6 ms	三个相互垂直方向	每个方向 3 次
			大电池 50 g_n	大电 11 ms		
GJB 4477	模组	未说明	39 g_n	6 ms	三个相互垂直方向	每个轴的正反方向各 2 次
SJ 20941	电池单体	未说明	39 g_n	6 ms	三个相互垂直方向	每个轴的正反方向各 2 次
GB 38031	模组	半正弦	7 g_n	6 ms	正负方向	每个方向 6 次

（4）根据表 7-5 推荐引用 GJB 2374A 中 B.3.2 测试。

6. 针刺

（1）试验对象：单体电池和电池模块。

（2）试验目的：评估通过针刺引发试样内短路的安全性。

（3）针刺试验的关键指标有钢针直径、针刺速度和方式，相关的标准要求如表 7-6 所示。

表 7-6　单体电池与电池模块关于针刺的标准

标准号	试验对象	钢针直径	针刺速度	针刺方式	其他要求
GB/T 31485	电池单体	$\phi5 \sim \phi8$ mm 钢针	(25 ±5) mm/s	钢针停留在电池中	观察 1 h
	模组	$\phi6 \sim \phi10$ mm 钢针		垂直于电池极板的方向，依次贯穿至少 3 个单体	

续表

标准号	试验对象	钢针直径	针刺速度	针刺方式	其他要求
GJB 2374A	单体电池	$\phi 2.5 \sim \phi 3.0$ mm 钢针	25 mm/min ~ 50 mm/min	其中一半的试样进行完全刺穿，另一半的试样刺入 2/3 的深度	保持 24 h 或试样冷却至室温
	模组	$\phi 9.5 \sim \phi 10.0$ mm 钢针			
GJB 4477	单体电池	$\phi 3$ mm 钢针	未说明	沿径向强力刺穿	未说明
SJ 20941	单体电池	$\phi 3 \sim \phi 5$ mm 的钢针	未说明	径向（圆柱形）或大平面方向（方形）强力刺穿	未说明

（4）钢针直径越小对电池内部造成的损伤越大，越容易引起电池内部短路，故从更苛刻的条件考虑推荐引用 GJB 2374A 中 B.3.7 测试。

7.3　热损伤安全性

1. 火焰[203]

（1）试验对象：单体电池和电池模块。

（2）试验目的：评估试样暴露于火焰环境下的安全性。

（3）火焰燃烧的主要参数有火焰类别、灼烧距离和时间，相关的标准要求如表 7 - 7 所示。

表 7 - 7　单体电池与电池模块关于火焰的标准

标准号	试验对象	火焰	灼烧距离	终止条件
GJB 2374A	单体、模组	烷气火焰	150 ~ 200 mm	无明确规定加热时间
GB 31241（燃烧喷射）	单体	无规定	38 mm	电池爆炸；电池完全燃烧；持续加热 30 min
GB 38031（外部火烧或热稳定性试验）	模组	汽油	50 cm	加热 60 s

（4）根据表 7 - 7，推荐引用 GJB 2374A—2013 中附录 C.3.6 测试。

2. 高温过载

（1）试验对象：电池模块。

（2）试验目的：评估试样在高温条件下以超过最大容许电流进行放电时的安全性。

（3）引用 GJB 916B—2011 中 4.7.9.8 规定的方法，试样在 70℃ ±3℃ 下至少搁置 8 h，然后在相同的条件下进行过载放电率放电，直至电压达到放电终止电压，或造成试验开路，或内部电路将放电电流限制到规定的过载放电率以下时为止。

3. 热失控扩散

（1）试验对象：电池模块。

（2）试验目的：评估试样在发生热失控后的扩散和安全性。

（3）引用 GB/T 36276—2018 中 A.3.19 规定的方法，试样初始化充电后，选择可实现热失控触发的电池单体作为热失控触发对象，其热失控产生的热量应非常容易传递至相邻电池单体。过充触发，以最小不小于 $0.3I_t$ A 的电流进行过充电，直至其发生热失控或触发对象的荷电状态达到 200% SOC。加热触发，使用加热装置的最大功率进行加热，当触发热失控或监测点温度达到 300 ℃ 时停止加热。

4. 高温使用

（1）试验对象：电池模块。

（2）试验目的：评估试样经过高温搁置后，在同条件下的充放电安全性能。

（3）引用 GB 31241—2014 中 8.7 规定的方法，将满电试样置于高温试验箱内，试验箱内温度设为规定的电池组的充电上限温度和放电上限温度及 80 ℃ 中的最大值。待样品表面温度稳定后，保持 7 h。在高温试验过程中按规定的充放电方法继续进行一次放电充电循环，如充放电循环时间大于 7 h，可将高温试验时间延长至本次充放电循环结束。

5. 电池滥用[204]

（1）试验对象：电池模块。

（2）试验目的：评估试样在高温搁置和振动后，进行过载和脉冲放电后的安全性。

（3）引用 GJB 916B—2011 中 4.7.9.9 规定的方法，准备满电和放电后的试样。全部样品 90 ℃ ±3 ℃ 下至少搁置 8 h。全部样品进行振动试验。

选取经过预放电和未经预放电的样品进行电池过载试验；选取 1/2 经过预放电和 1/2 未经预放电的样品，以先加相关详细规范规定的重负载 1 min，再施加相关详细规范规定的中等负载 4 min 为一个循环的方式进行连续的循环脉冲放电，直至电池电压降至相关详细规范规定的放电终止电压。

7.4 环境损伤安全性

1. 低气压[205]

（1）试验对象：单体电池和电池模块。

（2）试验目的：评估试样在低压环境下的安全性。

（3）低气压试验的关键参数有温度、真空度和持续时间，相关的标准要求如表 7-8 所示。

表 7-8 单体电池与电池模块关于低气压的标准

标准名称	试验对象	温度	真空度	持续时间
GJB 2374A	单体、模组	20℃	11.6 kPa	保持 6 h
GB 31241	单体、模组	20℃ ±5℃	11.6 kPa	保持 6 h
GB/T 31485	单体、模组	室温	11.6 kPa	保持 6 h
GB 38031	模组	环境温度	61.2 kPa	搁置 5 h 后放电至截止电压
GB 21966	单体、模组	环境温度	≤11.6 kPa	保持 6 h
SJ 20941	电池	20℃ ±5℃	11.6 kPa ±0.4kPa	保持 6 h

（4）综上，测试方法基本相同，推荐引用 GJB 2374A—2013 中 C.3.1 测试。

2. 海水浸泡[206]

（1）试验对象：单体电池和电池模块。

（2）试验目的：评估试样在遭到海水浸泡后的安全性。

（3）引用 GB 38031—2020 中 8.2.6.2a 规定的方法，将试样浸入 3.5% 的 NaCl 溶液中 2 h，水深应完全没过试验对象。

3. 盐雾

（1）试验对象：电池模块。

（2）试验目的：评估试样海洋气候条件下的安全性。

（3）引用 GB/T 36276—2018 中 A.3.18.1 规定的方法，配制浓度为 5% ±1% 的 NaCl

溶液（20 ℃，pH 值为 6.5~7.2）。将电池模块放入盐雾箱，在 15~35 ℃下喷盐雾 2 h；喷雾结束后，将电池模块转移到湿热箱中储存 20~22 h，完成 1 次喷雾储存循环，湿热箱温度设定为（40±2）℃、相对湿度设定为（93±3）%。以上步骤共循环 4 次；将电池模块在温度为（23±2）℃、相对湿度为 45%~55% 的条件下储存 3 天。

4. 高温高湿[207]

（1）试验对象：电池模块。

（2）试验目的：评估试样在高温高湿环境下的安全性。

（3）引用 GB/T 36276—2018 中 A.3.18.2 规定的方法，将试样初始化充电后放入湿热箱中，在温度为（45±2）℃、相对湿度为（93±3）% 的条件下储存 3 天；观察 1 h。

7.5 枪击安全性

军用化学电源失控后会造成人员伤害情况及设备损坏，所以军方在环境安全上对电池有较高的要求，为了防止化学电源安全失效发生破裂、泄漏、起火、爆炸等危险情况，保障人员及设备安全，根据相关规定，以枪击形式对金属燃料电池进行安全性检测。

相关规定：

《化学电源枪击试验技术研究合同》

《军用化学电源安全性通用要求》

7.6 枪击测试案例

7.6.1 测试目的

通过枪击试验，考察评估金属燃料电池在毁伤后的安全程度，为后续金属燃料电池的安全研究提供基础。

试验环境：环境温度为 18 ℃，相对湿度为 20%~80%，气压为常压。

试验样品与器材：详见表 7-9。

7.6.2 测试方案

总体方案示意图如图 7-1 所示，主要包含三部分——组成部件（1，7，8，9）、试验对象（2）和监测设备（3，4，5，6）。

表 7 – 9 试验样品与器材

试验样品			
序号	样品	数量	备注
1	金属燃料电池	2 个	
枪支与子弹			
序号	枪支、弹药	数量	备注
1	7.62 mm 弹道枪	1 架	
2	7.62 mm 穿燃弹	1 发	
3	7.62 mm 钢芯弹	1 发	
固定装置			
序号	器材	数量	备注
1	电池固定台架	1 套	
2	夹具	若干	
数据采集装置			
序号	器材	数量	备注
1	高速摄像机	1 个	
2	红外成像仪	1 个	
3	数码摄像机	1 个	
4	照相机	1 个	
安全保障及其他			
序号	器材	数量	备注
1	掩体		
2	示警扩音器	1 个	
3	对讲机	1 对	
4	安全警示牌	若干	
5	灭火器	2 瓶	
6	急救箱	1 个	

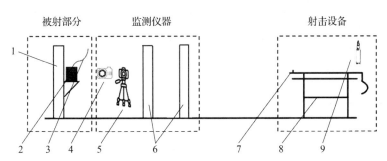

1—电池支架；2—电池；3—温度传感器；4—数码摄像机；5—高速摄像机；

6—子弹测速仪；7—弹道枪；8—枪支支架；9—子弹。

图 7 – 1 总体方案示意图

7.6.3　测试装置

测试装置示意图如图 7 - 2 所示。

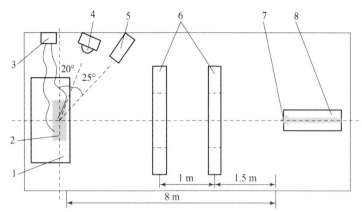

1—电池支架；2—电池；3—温度传感器；4—数码摄像机（高速摄像机）；5—红外热成像仪；

6—子弹测速仪；7—自动步枪；8—枪支支架；9—子弹。

图 7 - 2　测试装置示意图

1. 组成部件

1）枪支

枪支是南京市某军工试验中心试验用的步枪，如图 7 - 3 所示，其参数如表 7 - 10 所示。

图 7 - 3　步枪实物

表 7 - 10　试验用标准弹道枪的具体参数

枪支名称	枪长	枪高	枪宽	生产日期	精度	产地
（毫米） 弹道枪	1080 mm	210 mm	185 mm	2008 年 4 月	ϕ0.5 mm	中国轻兵器 制造总工厂

2）子弹

枪击试验用子弹分为两种，一种是标准钢芯弹，如图 7 - 4（a）所示；另一种是穿甲燃烧弹，如图 7 - 4（b）所示。试验用子弹基本参数如表 7 - 11 所示。

（a） （b）

图 7 - 4 试验用子弹实物

（a）标准钢芯弹；（b）穿甲燃烧弹

表 7 - 11 试验用子弹基本参数

序号	子弹名称	口径/mm	弹长/mm	质量/g
1	标准钢芯弹	7.62	39	9.7
2	穿甲燃烧弹	7.62	51	13.73

3）枪支支架

枪支支架是固定枪支专用的钢质架台，长宽固定，高度可通过旋转架台底部的螺杆进行调整。支架基本参数为长×宽×高＝1 050 mm×550 mm×1 100 mm，高度调整范围为±100 mm，材质为45钢。试验用枪支支架三维模型如图7-5所示。

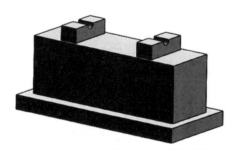

图 7 - 5 试验用枪支支架三维模型

4）电池支架

电池支架的作用是固定电池，以防止电池被射之后产生碎片危害现场人员安全。支架与支架上的虎口钳将电池固定在支架上，如图7-6所示。

图 7 - 6 电池支架三维模型和安装好电池的电池支架实物

5）电池夹具

金属燃料电池固定夹具如图 7 - 7 所示。

图 7 - 7　金属燃料电池固定夹具

2. 监测设备

1）子弹测速仪

子弹测速仪是测算子弹从枪管射出到射入电池之前这段时间内的运行速度，原理是通过两片精密传感器构成，两片精密传感器的位置规定不同，根据子弹分别穿过两片传感器的时间来粗略计算子弹的运行速度。

2）高速摄像机

高速摄像机设置在电池支架的一侧，把子弹射入电池，对电池外壳表面及子弹弹头表面发生的物理化学变化进行记录，可以更科学、系统地去研究穿甲燃烧弹的撞击作用机理。试验用高速摄像机型号和参数如表 7 - 12 所示，实物如图 7 - 8 所示。

表 7 - 12　试验用高速摄像机型号和参数

名称	品牌	型号	分辨率	质量	灰度色标	内存
FASTCAM Mini UX100			1 280 px × 1 024 px	1.5 kg	RGB 12 bit	8 GB
曝光时间	镜头卡口	触发模式	内存分段	数字接口	外形尺寸	AC 电源	DC 电源
3.9 μs	F 卡口、C 卡口	手动，随机	64	千兆以太网	120 mm × 120 mm × 90 mm	100 ~ 240 V，50 ~ 60 Hz，46 V · A	22 ~ 32 V，40 V · A

图 7 - 8　试验用高速摄像机实物

3) 数码摄像机

数码摄像机摆放在离电池较近的右侧，数码摄像机主要作用是记录电池被子弹击中之后所产生的现象以及反映现象的剧烈程度的直接证据。本次试验中用到的摄像机型号和参数如表 7 - 13 所示，实物如图 7 - 9 所示。

表 7 - 13　试验用数码摄像机型号和参数

名称	品牌	型号	变焦方式	焦距范围	像素	感光器件
Sony DCR - SX40			60 倍光学变焦	39 ~ 2 340 mm	800 000	1/8 in（1 in = 25.4 mm）英寸 CCD 感光元件
电池	储存空间	功率	质量	数字接口	外形尺寸	镜头	DC 电源
NP - FH30 锂离子电池	4 GB	7.2 V, 3.6 W·h	202 g	千兆以太网	53 mm × 59 mm × 107 mm	卡尔蔡司	22 ~ 32 V, 40 V·A

图 7 - 9　试验用数码摄像机实物

4) K 型热电偶传感器

K 型热电偶传感器用于被测电池顶部和底部的温度变化的数据采集，本试验应用的热电偶有三个探头，三个探头分别固定在电池的顶部、中部和底部。

5) 红外相机（二次试验加）

7.6.4　测试对象

金属燃料电池。

7.6.5　试验条件

1. 挡板

前挡板是指在电池前面，紧挨着电池增加一块指定厚度的普通钢板，意在模拟实战情况。

后挡板是指在电池后面，紧挨着电池增加一块指定厚度的钨钢板，意在模拟子弹的镶嵌。

2. 射击距离

射击距离是在保证射击精度、人员及设备安全条件下的最近距离。

3. 蓄电容量

考察不同容量的电池的热失效形式。

4. 剩余电量

电池内的可用电量占标称电量的比例，考察无电、半电和满电对电池热失效的影响。

5. 子弹

标准钢芯弹，意在模拟弹头对电池的直接物理冲击导致的损伤形式。

穿甲燃烧弹，意在模拟弹头对电池的直接物理冲击以及二次爆燃导致的损伤形式。

7.6.6 测试过程

（1）按照试验场地枪击试验装置示意图进行各个仪器装置摆放。

（2）将金属燃料电池固定在夹具电池支架上（用穿甲燃烧弹枪击时，将金属燃料电池样品前后面分别固定碳钢板和钨钢板），调整弹道枪位置，使枪口距离被射电池样品6～7 m，调整子弹弹道位置确保射击点位于电池正面、射击方向垂直于电池正面，设置挡板，并在电池顶部、中部和底部插入 K 型热电偶温度传感器进行温度采集。

（3）调整好高速摄像机、数码摄像机和红外摄像机的位置，使高速摄像机可完整记录子弹进入电池瞬间，数码摄像机可完整记录电池产生现象的完整过程，红外摄像机可完整记录电池在热失效时的温度场分布。

（4）根据已固定的电池的位置，调整弹道枪的位置，并精确瞄准电池的几何中心，瞄准完毕后装入子弹（标准钢芯弹或穿甲燃烧弹）。

（5）开启相关监测仪器，试验人员离开场地进入掩体内，确保人员安全之后，倒数3 s开始射击，由专业人员填装 7.62 mm 钢芯弹并拉动引线射击电池样品。

（6）射击完毕之后，在记录表格中记录电池受到子弹射击之后产生的现象。

（7）待电池无反应之后拆卸温度传感器，停止数码摄像机和红外摄像机的记录，拆卸电池，将电池移至安全位置。

（8）重复步骤（2）~（7）直至完成整个试验，比较相关试验参数情况。

对不同的化学电源进行枪击试验后，产生了不同的试验现象。

7.6.7　试验现象

1. 金属燃料电池 7.62 mm 钢芯弹枪击试验

金属燃料电池在被击穿后，无现象发生。由红外记录仪观测整个试验过程中产生的最高温度为 27.5 ℃。试验相关图片如图 7 – 10 ~ 图 7 – 13 所示。

图 7 – 10　被射物

图 7 – 11　出射面

图 7 – 12　子弹初穿被射物

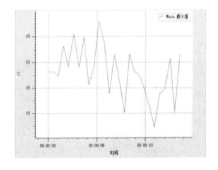

图 7 – 13　红外数据曲线

2. 金属燃料电池 7.62 mm 穿燃弹枪击试验（前后紧贴挡板）

7.62 mm 穿燃弹射击：子弹撞击电池前侧钢板（碳钢板）后产生一小火球，随即消失。小部分金属燃料电池的塑料外壳碎片被炸散，火花将部分塑料外壳碎片引燃，可看到金属燃料电池表面呈现烧焦状。由红外记录仪记录整个试验中产生的最高温度约为 360 ℃。试验相关图片如图 7 – 14 ~ 图 7 – 17 所示。

图 7 – 14　被射电池模组

图 7 – 15　入射孔

图 7 – 16　子弹穿过被射物

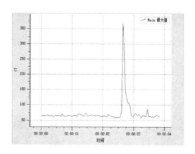

图 7 – 17　红外数据曲线

7.6.8　测试结果

金属燃料电池在 7.62 mm 钢芯弹击穿后不喷烟、不起火、不爆炸；增加被射物的毁伤程度（增加钢板），金属燃料电池在被 7.62 mm 穿燃弹击穿后不喷烟、不起火（小火球为穿燃弹撞击钨钢板引起）、不爆炸。

根据试验数据分析可得，影响电池热失控的主要因素包括电量、弹种、电容量、后挡板无穷大（贯穿与镶嵌）、化学体系。

（1）与标准钢芯弹相比，穿燃弹更容易引起电池热失控且反应更为剧烈。

（2）子弹穿透前挡板时会更容易引起电池热失控，其原因在于高速旋转的子弹穿透前挡板时产生的高温物质，滞留在电池内部。

（3）对于相同材料体系的电池，蓄电容量越大，越容易引起热失控，现象越剧烈；容量大到一定程度以后，剧烈程度一样，持续时间就长一些。

（4）对于同一电池，电量越大，电池越容易引起热失控；当电量为零时，只产生漏液现象；无电电池被穿燃弹击中后不燃烧，意味着单一的穿燃弹无法引起电池内部热失控。

（5）最苛刻的条件为穿燃弹贯穿防护钢板后镶嵌在电池内部。引起电池热失控的热源主要为弹头和弹药、短路（$Q = I^2 \cdot R$）和电池内部的电化学反应（电解液隔膜分解）。

参 考 文 献

[1]张飞凡.H_2O_2电氧化催化剂的制备及其电化学性能[D].哈尔滨:哈尔滨工程大学,2018.

[2]王焕锋.金属燃料电池双功能正极催化剂的制备及电化学性能研究[D].长春:吉林大学,2019.

[3]陈云涵.H_2O_2电还原催化剂的制备及其电化学性能[D].哈尔滨:哈尔滨工程大学,2011.

[4]燕波.铝—空气电池空气电极的制备与表征[D].哈尔滨:哈尔滨工业大学,2010.

[5]熊亚琪.铝—空气电池的基础研究[D].长沙:中南大学,2014.

[6]龚昊.电动汽车用金属—空气电池的研制及性能测试[D].西安:西安石油大学,2019.

[7]马超.柔性可充锌—空电池锌电极的电化学制备及电池性能[D].天津:天津大学,2018.

[8]李吉刚,孙杰.镁二次电池材料的国内外研究现状[J].合成化学,2007(S1):235 - 239.

[9]黄征.有机体系锂空气电池纳米氧还原电催化材料的研究[D].武汉:华中科技大学,2015.

[10]石春梅,曾小勤,常建卫,等.镁二次电池的研究现状[J].电源技术,2010,34(09):975 - 978.

[11]胡启明,张娅,陈秋荣.镁电池研究进展[J].电源技术,2015,39(01):210 - 212.

[12]S. Müller,F. Holzer,O. Haas. Optimized zinc electrode for the rechargeable zinc - air battery[J]. Journal of Applied Electrochemistry,1998,28(9).

[13]Zhang Tao, Imanishi Nobuyuki, Shimonishi Yuta, et al. A novel high energy density rechargeable lithium/air battery. [J]. Chemical communications (Cambridge, England),2010,46(10).

［14］朱明骏,袁振善,桑林,等.金属/空气电池的研究进展［J］.电源技术,2012,36（12）：1953 － 1955.

［15］马晓录,高顺,周颖.镁空气电池阳极材料研究进展［J］.电源技术,2017,41（02）:331 － 333.

［16］Naiguang Wang, Richu Wang, Yan Feng, Wenhui Xiong, Junchang Zhang, Min Deng. Discharge and corrosion behaviour of Mg － Li － Al － Ce － Y － Zn alloy as the anode for Mg － air battery［J］. Corrosion Science,2016,112.

［17］温术来,李向红,孙亮,等.金属燃料电池技术的研究进展［J］.电源技术,2019,43（12）：2048 － 2052.

［18］Chenchen Zhao, Yuhong Jin, Wenbo Du, et al. Multi － walled carbon nanotubes supported binary PdSn nanocatalyst as effective catalytic cathode for Mg － air battery［J］. Journal of Electroanalytical Chemistry,2018,826.

［19］Izutsu Kosuke. Electrochemistry in Nonaqueous Solutions［M］. Wiley － VCH Verlag GmbH & Co. KGaA:2009 － 09 － 23.

［20］Kenneth K. Laali. Ionic Liquids in Synthesis［J］. Synthesis,2003,2003（11）.

［21］Junlin Du, Zhenjie Wang, Yongqiang Niu, et al. Double liquid electrolyte for primary Mg batteries［J］. Journal of Power Sources,2014,247（C）.

［22］慕伟意,李争显,杜继红,等.镁电池的发展及应用［J］.材料导报,2011,25（13）：35 － 39.

［23］Jonathan Goldstein,Ian Brown,Binyamin Koretz. New developments in the Electric Fuel Ltd. zinc/air system［J］. Journal of Power Sources,1999,80（1）.

［24］宋鹏.金属燃料电池阴极催化剂的制备及性能研究［D］.北京:北京化工大学,2020. DOI:10. 26939/d. cnki. gbhgu. 2020.000939.

［25］刘培涛.过渡金属基材料在锌 － 空气电池中的应用［D］.兰州:兰州大学,2020. DOI:10. 27204/d. cnki. glzhu. 2020.003097.

［26］赵娟娟.电动车用锌空动力电池的研究［D］.长春:吉林大学,2014.

［27］Toussaint Gwenaëlle, Stevens Philippe, Rouget Robert, et al. High Energy and High Power Electrically Rechargeable Zinc － Air Battery［J］. Meeting Abstracts, 2015, MA2015 － 02 （1）.

［28］Parker Joseph F,Nelson Eric S,Wattendorf Matthew D,et al. Retaining the 3D framework of zinc sponge anodes upon deep discharge in Zn – air cells. [J]. ACS applied materials & interfaces,2014,6(22).

[29] Yan, Zhao, Wang, Erdong, Jiang, Luhua, et al. Superior cycling stability and high rate capability of three – dimensional Zn/Cu foam electrodes for zinc – based alkaline batteries [J]. RSC Advances,2015,5(102).

[30] Mohamad Najmi Masri, Ahmad Azmin Mohamad. Effect of Adding Carbon Black to a Porous Zinc Anode in a Zinc[J]. Journal of The Electrochemical Society,2013,160(4).

[31] Nanotechnology – Nanotubes. Studies from Harbin Engineering University in the Area of Nanotubes Described (Fe – Ni – Mo Nitride Porous Nanotubes for Full Water Splitting and Zn – Air Batteries)[J]. Energy Weekly News,2019.

[32] F. R. MCLARNON, E. J. CAIRNS. ChemInform Abstract:The Secondary Alkaline Zinc Electrode[J]. ChemInform,1991,22(25).

[33] Li Yanguang, Gong Ming, Liang Yongye, et al. Advanced zinc – air batteries based on high – performance hybrid electrocatalysts. [J]. Nature communications,2013,4(1).

[34] Toussaint G, Stevens P, Akrour L, et al. Development of a Rechargeable Zinc – Air Battery [J]. ECS Meeting Abstracts,2010.

[35] Yisi Liu, Qian Sun, Wenzhang Li, et al. A comprehensive review on recent progress in aluminum – air batteries[J]. Green Energy and Environment,2017,2(3).

[36] Marliyana Mokhtar, Meor Zainal Meor Talib, Edy Herianto Majlan, et al. Recent developments in materials for aluminum – air batteries:A review[J]. Journal of Industrial and Engineering Chemistry,2015,32.

[37] 何勇. 基于铝—空气金属燃料电池系统的电—电增程式电动汽车研制[D]. 成都:西华大学,2015.

[38] Maria Nestoridi, Derek Pletcher, Robert J. K. Wood, et al. The study of aluminium anodes for high power density Al/air batteries with brine electrolytes[J]. Journal of Power Sources, 2007,178(1).

[39] Jaewook Lee, Changyong Yim, Deug Woo Lee, et al. Manufacturing and characterization of physically modified aluminum anodes based air battery with electrolyte circulation [J]. International Journal of Precision Engineering and Manufacturing – Green Technology,2017, 4(1).

［40］万普鹏,孙全,杜志强,等. 铝空气电池汽车应用研究［J］. 汽车与配件,2012(33)：30 - 31.

［41］赵少宁,李艾华,蔡艳平,等. 大功率铝空气电池堆结构设计综述［J］. 电池工业,2013,18(Z2)：186 - 189.

［42］李华,高颖,隋旭磊,等. 金属 - 空气电池的研究进展［J］. 炭素,2017(02)：5 - 9.

［43］阚奕鹏,齐敏杰,史鹏飞. 铝空气电池研究进展［J］. 电池工业,2019,23(03)：147 - 150.

［44］Zhong Ma, Xianxia Yuan, Lin Li, et al. A review of cathode materials and structures for rechargeable lithiumâ "air batteries［J］. Energy & Environmental Science,2015.

［45］Littauer E. L. , Tsai K. C. ChemInform Abstract：Anodic Behavior of lithium in aqueous electrolytes. I. Transient Passivation［J］. Chemischer Informationsdienst,1976,7(39).

［46］Abraham KM. , Jiang Z. A Polymer Electrolyte - based Rechargeable Lithium/oxygen battery［J］. Journal of the Electrochemical Society,1996,143(1).

［47］Ogasawara Takeshi, Débart Aurélie, Holzapfel Michael, et al. Rechargeable Li_2O_2 electrode for lithium batteries. ［J］. Journal of the American Chemical Society,2006,128(4).

［48］Freunberger Stefan A, Chen Yuhui, Drewett Nicholas E, et al. The lithium - oxygen battery with ether - based electrolytes［J］. Angewandte Chemie (International ed. in English),2011,50(37).

［49］Freunberger Stefan A, Chen Yuhui, Peng Zhangquan, et al. Reactions in the rechargeable lithium – O_2 battery with alkyl carbonate electrolytes. ［J］. Journal of the American Chemical Society,2011,133(20).

［50］Xu Ji – Jing, Wang Zhong – Li, Xu Dan, et al. Tailoring deposition and morphology of discharge products towards high – rate and long – life lithium – oxygen batteries. ［J］. Nature communications,2013,4(1).

［51］Xu Ji – Jing, Xu Dan, Wang Zhong – Li, et al. Synthesis of perovskite – based porous La(0.75)Sr(0.25)MnO_3 nanotubes as a highly efficient electrocatalyst for rechargeable lithium – oxygen batteries. ［J］. Angewandte Chemie (International ed. in English),2013,52(14).

［52］Ji – Jing Xu, Zhong – Li Wang, Dan Xu, et al. 3D ordered macroporous $LaFeO_3$ as efficient electrocatalyst for Li – O_2 batteries with enhanced rate capability and cyclic performance［J］. Energy & environmental science：EES,2014,7(7).

［53］Yonggang Wang, Haoshen Zhou. A lithium – air battery with a potential to continuously reduce O_2 from air for delivering energy[J]. Journal of Power Sources,2009,195(1).

[54]Science – Combustion Science. Reports from Georgia Institute of Technology Provide New Insights into Combustion Science (Advances in modeling and simulation of Li – air batteries) [J]. Energy Weekly News,2017.

[55]Sun Tai Kim,Nam – Soon Choi,Soojin Park,et al. Optimization of Carbon – and Binder – Free Au Nanoparticle – Coated Ni Nanowire Electrodes for Lithium – Oxygen Batteries[J]. Advanced Energy Materials,2015,5(3).

[56]Sun Dan,Shen Yue,Zhang Wang,et al. A solution – phase bifunctional catalyst for lithium – oxygen batteries[J]. Journal of the American Chemical Society,2014,136(25).

[57]Luhan Ye,Weiqiang Lv,Kelvin H. L. Zhang,et al. A new insight into the oxygen diffusion in porous cathodes of lithium – air batteries[J]. Energy,2015,83.

[58]Ma Zhong,Yuan Xianxia,Li Lin,et al. A review of cathode materials and structures for rechargeable lithium – air batteries[J]. Energy & Environmental Science：EES,2015,8(8).

[59]宋玉苏,王树宗.海水电池研究及应用[J].鱼雷技术,2004(02):4 – 8.

[60]宋玉苏,王树宗.Al/H_2O_2作为无人水下航行器动力电池的研究[J].海军工程大学学报,2003(06):60 – 63.

[61]芦永红,丁飞,贾永刚,等.从原理及特点出发探讨海水电池的应用前景[J].电源技术,2020,44(11):1697 – 1700.

[62]McCloskey Bryan D,Garcia Jeannette M,Luntz Alan C. Chemical and Electrochemical Differences in Nonaqueous Li – O2 and Na – O2 Batteries. [J]. The journal of physical chemistry letters,2014,5(7).

[63]Byungju Lee,Dong – Hwa Seo,Hee – Dae Lim. First – Principles Study of the Reaction Mechanism in Sodium – Oxygen Batteries[J]. Chemistry of Materials：A Publication of the American Chemistry Society,2014,26(2).

[64]张三佩,温兆银.钠 – 空气电池研究评述[J].储能科学与技术,2016,5(03):249 – 257.

[65]Pascal Hartmann,Daniel Grübl,Heino Sommer,et al. Pressure Dynamics in Metal – Oxygen (Metal – Air) Batteries：A Case Study on Sodium Superoxide Cells[J]. J. Phys. Chem. C, 2014(3).

[66]Ning Zhao,Chilin Li,Xiangxin Guo. Long – life Na – O_2 batteries with high energy efficiency enabled by electrochemically splitting NaO_2 at a low overpotential[J]. Physical chemistry

chemical physics：PCCP,2014,16(29).

[67]Kang ShinYoung,Mo Yifei,Ong Shyue Ping,et al. Nanoscale stabilization of sodium oxides：implications for Na－O$_2$ batteries.[J]. Nano letters,2014,14(2).

[68]Hartmann Pascal,Bender Conrad L,Sann Joachim,et al. A comprehensive study on the cell chemistry of the sodium superoxide（NaO$_2$）battery.[J]. Physical chemistry chemical physics：PCCP,2013,15(28).

[69]Chalcogens. New Chalcogens Findings Reported from BASF（Toward Better Sodium－Oxygen batteries：A Study on the Performance of Engineered Oxygen Electrodes based on Carbon Nanotubes）[J]. Journal of Engineering,2015.

[70]Yang Sheng,Siegel Donald J. Intrinsic Conductivity in Sodium－Air Battery Discharge Phases：Sodium Superoxide vs Sodium Peroxide[J]. Chemistry of Materials：A Publication of the American Chemistry Society,2015,27(11).

[71]Lu Jun,Lee Yun Jung,Luo Xiangyi,et al. A lithium－oxygen battery based on lithium superoxide.[J]. Nature,2016,529(7586).

[72]Conrad L. Bender,Pascal Hartmann,Miloš Vračar,et al. On the Thermodynamics, the Role of the Carbon Cathode, and the Cycle Life of the Sodium Superoxide（NaO$_2$）Battery[J]. Advanced Energy Materials,2014,4(12).

[73]Xia Chun,Black Robert,Fernandes Russel,et al. The critical role of phase－transfer catalysis in aprotic sodium oxygen batteries.[J]. Nature Chemistry,2015,7(6).

[74]Qian Sun,Hossein Yadegari,Mohammad N. Banis,et al. Self－stacked nitrogen－doped carbon nanotubes as long－life air electrode for sodium－air batteries：Elucidating the evolution of discharge product morphology[J]. Nano Energy,2015,12.

[75]Xin,Zhang,Xin－Gai,et al. Recent progress in rechargeable alkali metal－air batteries[J]. Green Energy & Environment, 2016. DOI：CNKI：SUN：GENE.0.2016－01－003.

[76]相玮. 长寿命、高效率熔盐铁空气电池体系构建研究[D]. 大庆：东北石油大学,2018.

[77]许艳芳,郑克文. 金属燃料电池的发展及应用[J]. 舰船科学技术,2003(01)：66－69.

[78]Olabi A G, Sayed E T, Wilberforce T,et al. Metal－Air Batteries－A Review[J]. Energies, 2021, 14.

[79]L Del Bianco,F Boscherini,M Tamisari,et al. Exchange bias and interface structure in the Ni/NiO nanogranular system[J]. Journal of Physics D：Applied Physics,2008,41(13).

[80]Patange M,Biswas S,Yadav A K,et al. Morphology – controlled synthesis of monodispersed graphitic carbon coated core/shell structured Ni/NiO nanoparticles with enhanced magnetoresistance.[J]. Physical Chemistry Chemical Physics：PCCP,2015,17(48).

[81]R. P. Hamlen, E. C. Jerabek, J. C. Ruzzo, et al. Anodes for Refuelable Magnesium – Air Batteries[J]. Journal of The Electrochemical Society,2019,116(11).

[82] Maria G Medeiros, Eric G Dow. Magnesium – solution phase catholyte seawater electrochemical system[J]. Journal of Power Sources,1999,80(1).

[83]杨维谦,杨少华,孙公权,等.镁燃料电池的发展及应用[J].电源技术,2005(03):182 – 186.

[84]Handbook of batteries[J]. Choice Reviews Online,1995,33(04).

[85]Øistein Hasvold,Henrich Henriksen,Einar Melvɪr,et al. Sea – water battery for subsea control systems[J]. Journal of Power Sources,1997,65(1).

[86]毛宗强,张纯,阎军.国外电动汽车用金属 – 空气电池[J].电源技术,1996(06):252 – 255 + 266.

[87]Overview of iron/air battery development at westinghouse[J]. Journal of Power Sources, 1984,11(3 – 4).

[88] Daqiang Gao, Guijin Yang, Jinyun Li, et al. Room – Temperature Ferromagnetism of Flowerlike CuO Nanostructures[J]. J. Phys. Chem. C,2010(43).

[89]Wen L, Yu K, Xiong H, et al. Composition optimization and electrochemical properties of Mg – Al – Pb – (Zn) alloys as anodes for seawater activated battery[J]. Electrochimica Acta, 2016:40 – 51.

[90]Zhu A L, Wilkinson D P, Zhang X, et al. Zinc regeneration in rechargeable zinc – air fuel cells – A review[J]. The Journal of Energy Storage, 2016.

[91]Øistein Hasvold, Nils Størkersen. Electrochemical power sources for unmanned underwater vehicles used in deep sea survey operations[J]. Journal of Power Sources,2001,96(1).

[92] Maria G. Medeiros, Russell R. Bessette, Craig M. Deschenes, et al. Optimization of the magnesium – solution phase catholyte semi – fuel cell for long duration testing[J]. Journal of Power Sources,2001,96(1).

[93]R. Y. Wang, D. W. Kirk, G. X. Zhang. Effects of Deposition Conditions on the Morphology of Zinc Deposits from Alkaline Zincate Solutions[J]. Journal of the Electrochemical Society,

2006,153(5).

[94] J. W. Diggle, A. R. Despic, J. O′ M. Bockris. The Mechanism of the Dendritic Electrocrystallization of Zinc[J]. Journal of The Electrochemical Society,2019,116(11).

[95] Yuwei Shen, Karl Kordesch. The mechanism of capacity fade of rechargeable alkaline manganese dioxide zinc cells[J]. Journal of Power Sources,2000,87(1).

[96] Chi – Young Jung, Tae – Hyun Kim, Wha – Jung Kim, et al. Computational analysis of the zinc utilization in the primary zinc – air batteries[J]. Energy,2016,102.

[97] Chang T. S. ,Wang Y. Y. ,Wan C. C. . Structural effect of the zinc electrode on its discharge performance[J]. Journal of Power Sources,1983,10(2).

[98] 汤胜. Mg – Al – Pb – Zn – Mn 和 Mg – Li – Al – Pb – Zn – Mn 合金在海水中电化学行为研究[D].哈尔滨:哈尔滨工程大学,2011.

[99] 朱艳丽,郑晓頔,焦清介.离子液体在金属 – 空气电池中的应用研究进展[J].中国科学:化学,2016,46(12):1292 – 1304.

[100] Kashkooli, Ali,Ghorbani, et al. Recent progress and perspectives on bi – functional oxygen electrocatalysts for advanced rechargeable metal – air batteries[J]. Journal of Materials Chemistry A Materials for Energy & Sustainability, 2016.

[101] Cao R, Lee J S, Liu M, et al. Recent Progress in Non – Precious Catalysts for Metal – Air Batteries[J]. Advanced Energy Materials, 2012, 2(7):816 – 829.

[102] Kar M, Simons T J, Forsyth M, et al. Ionic liquid electrolytes as a platform for rechargeable metal – air batteries:a perspective[J]. Physical Chemistry Chemical Physics, 2014, 16 (35):18658.

[103] Mylad Chamoun, Benjamin J Hertzberg, Tanya Gupta, et al. Hyper – dendritic nanoporous zinc foam anodes[J]. NPG Asia Materials,2015,7(4).

[104] Patrick Bonnick,J. R. Dahn. A Simple Coin Cell Design for Testing Rechargeable Zinc[J]. Journal of The Electrochemical Society,2012,159(7).

[105] Li Hongfei, Xu Chengjun, Han Cuiping, et al. Enhancement on Cycle Performance of Zn Anodes by Activated Carbon Modification for Neutral Rechargeable Zinc Ion Batteries[J]. Journal of the Electrochemical Society,2015,162(8).

[106] Bass K. ,Mitchell P. J. ,Wilcox G. D. ,et al. Methods for the reduction of shape change and dendritic growth in zinc – based secondary cells[J]. Journal of Power Sources, 1991,

35(3).

[107]M. N. Masri,A. A. Mohamad. Effect of adding potassium hydroxide to an agar binder for use as the anode in Zn – air batteries[J]. Corrosion Science,2009,51(12).

[108]Xiong M, Ivey D G. Synthesis of Bifunctional Catalysts for Metal – Air Batteries Through Direct Deposition Methods[J]. Batteries & Supercaps, 2019, 2.

[109]Xuncai,Chen,Zheng,et al. Recent Advances in Materials and Design of Electrochemically Rechargeable Zinc – Air Batteries. [J]. Small, 2018.

[110]Sawai K, Maeda Y S. Platinum – free Air Cathode Catalyst for Metal/Air Batteries[J]. ECS Transactions, 2008, 3(42).

[111]Yaqoob L, Noor T, Iqbal N. An overview of metal – air batteries, current progress, and future perspectives[J]. Journal of Energy Storage, 2022.

[112]Xien, Park, Minjoon, et al. High – performance non – spinel cobalt – manganese mixed oxide – based bifunctional electrocatalysts for rechargeable zinc – air batteries[J]. Nano Energy, 2016(20).

[113]Goel P, Dobhal D, Sharma R C. Aluminum – air batteries:A viability review[J]. The Journal of Energy Storage, 2020, 28:101287.

[114]秦学,李振亚,余远彬. 铝合金阳极活化机理研究进展[J]. 电源技术,2000(01):54 – 57.

[115]黄宇芬,侯玙杰,陈思宇,等. 铝空气电池阳极材料的研制[J]. 化学工程师,2017,31(09):4 – 6 + 17. DOI:10. 16247/j. cnki. 23 – 1171/tq. 20170904.

[116]贺俊光,文九巴,周旭东,等. 冷变形对铝空气电池用阳极电化学性能的影响[J]. 腐蚀科学与防护技术,2013,25(03):229 – 232.

[117]Liang Fan,Huimin Lu. The effect of grain size on aluminum anodes for Al – air batteries in alkaline electrolytes[J]. Journal of Power Sources,2015,284.

[118]滕昭阳. 合金元素对镁阳极腐蚀与电化学性能的影响[D]. 长沙:中南大学,2014.

[119]侯军才,梁国军,乔锦华,等. 低 Mn 含量高电位镁合金牺牲阳极[J]. 中国腐蚀与防护学报,2012,32(05):403 – 406.

[120]J. – G. Kim,Y. – W. Kim. Advanced Mg – Mn – Ca sacrificial anode materials for cathodic protection[J]. Materials and Corrosion,2001,52(2).

[121]张秋美,侯军才,梁国军. 镁基牺牲阳极研究进展[J]. 铸造技术,2010,31(07):

938 – 941.

[122] 冯艳,王日初,彭超群. 海水电池用镁阳极的研究与应用[J]. 中国有色金属学报,2008(01):5 – 7. DOI:10. 16490/j. cnki. issn. 1001 – 3660. 2008. 01. 006.

[123] 马正青,庞旭,左列,等. 镁海水电池阳极活化机理研究[J]. 表面技术,2011,21(02):259 – 268. DOI:10. 19476/j. ysxb. 1004. 0609. 2011. 02. 003.

[124] Yan FENG,Ri – chu WANG,Kun YU,et al. Influence of Ga and Hg on microstructure and electrochemical corrosion behavior of Mg alloy anode materials[J]. Transactions of Nonferrous Metals Society of China,2007,17(6).

[125] Hongyang ZHAO,Pei BIAN,Dongying JU. Electrochemical performance of magnesium alloy and its application on the sea water battery[J]. Journal of Environmental Sciences,2009,21.

[126] Naing Naing Aung,Wei Zhou. Effect of grain size and twins on corrosion behaviour of AZ31B magnesium alloy[J]. Corrosion Science,2009,52(2).

[127] Guang – Ling Song,ZhenQing Xu. The surface,microstructure and corrosion of magnesium alloy AZ31 sheet[J]. Electrochimica Acta,2010,55(13).

[128] 邓金凤. 镁负极加工状态与缓蚀剂对镁空气电池的影响[D]. 重庆:重庆大学,2013.

[129] 宋明,陈云贵,吴朝玲,等. 锂空电池的研究进展[C]//. 2011 中国功能材料科技与产业高层论坛论文集(第三卷). 美国科研出版社(Scientific Research Publishing,2011:185 – 191.

[130] Deyab M A,Mohsen Q. Improved battery capacity and cycle life in iron – air batteries with ionic liquid[J]. Renewable and Sustainable Energy Reviews,2021,139(19):110729.

[131] 李彦龙,王为. 金属 – 空气电池中空气电极的研究进展[J]. 电源技术,2015,39(05):1106 – 1109.

[132] 王伟. 锌空气电池空气电极性能衰减机理研究[D]. 北京:北京理工大学,2018. DOI:10. 26948/d. cnki. gbjlu. 2018. 001870.

[133] 杨瑞. Al 金属燃料电池阴极制备及性能研究[D]. 北京:中国石油大学(北京),2019. DOI:10. 27643/d. cnki. gsybu. 2019. 001724.

[134] Linwei Z,Tengteng G U,Ziwei L,et al. Recent advances in bifunctional catalysts for zinc – air batteries:Synthesis and potential mechanisms[J]. 中国科学:技术科学英文版,2022.

[135]Heiki Erikson, Ave Sarapuu, Jose Solla – Gullón, et al. Recent progress in oxygen reduction electrocatalysis on Pd – based catalysts [J]. Journal of Electroanalytical Chemistry, 2016,780.

[136]Zhenning Liu, Zhiyuan Li, Jian Ma, et al. Nitrogen and cobalt – doped porous biocarbon materials derived from corn stover as efficient electrocatalysts for aluminum – air batteries [J]. Energy,2018,162.

[137]Li Yongliang, Wang Jiajun, Li Xifei, et al. Superior energy capacity of graphene nanosheets for a nonaqueous lithium – oxygen battery. [J]. Chemical communications (Cambridge, England) ,2011,47(33).

[138]Xiao Jie, Mei Donghai, Li Xiaolin, et al. Hierarchically porous graphene as a lithium – air battery electrode. [J]. Nano letters,2011,11(11).

[139]Jung Hun – Gi, Hassoun Jusef, Park Jin – Bum, et al. An improved high – performance lithium – air battery. [J]. Nature Chemistry,2012,4(7).

[140] Hui Wang, Kai Xie, Linyan Wang, Yu Han. All carbon nanotubes and freestanding air electrodes for rechargeable Liâ air batteries[J]. RSC Advances,2013,3(22).

[141] Yongliang Li, Jiajun Wang, Xifei Li, et al. Nitrogen – doped graphene nanosheets as cathode materials with excellent electrocatalytic activity for high capacity lithium – oxygen batteries [J]. Electrochemistry Communications,2012,18.

[142] H. J. Yan, B. Xu, S. Q. Shi, et al. First – principles study of the oxygen adsorption and dissociation on graphene and nitrogen doped graphene for Li – air batteries[J]. Journal of Applied Physics,2012,112(10).

[143]Liu Wen, Sun Qian, Yang Yin, et al. An enhanced electrochemical performance of a sodium – air battery with graphene nanosheets as air electrode catalysts. [J]. Chemical Communications (Cambridge, England) ,2013,49(19).

[144]Li Yongliang, Yadegari Hossein, Li Xifei, et al. Superior catalytic activity of nitrogen – doped graphene cathodes for high energy capacity sodium – air batteries. [J]. Chemical communications (Cambridge, England) ,2013,49(100).

[145] A. Damjanovic, A. Dey, J. O′ M. Bockris. Electrode Kinetics of Oxygen Evolution and Dissolution on Rh, Ir, and Pt – Rh Alloy Electrodes[J]. Journal of The Electrochemical Society,1966,113(7).

[146] Huanfeng Wang, Yutao Min, Pengchong Li, et al. In situ integration of ultrathin PtRuCu alloy overlayer on copper foam as an advanced free – standing bifunctional cathode for rechargeable Zn – air batteries[J]. Electrochimica Acta,2018,283.

[147] Ya – Nan Chen,Xu Zhang,Huijuan Cui,et al. Synergistic electrocatalytic oxygen reduction reactions of Pd/B 4 C for ultra – stable Zn – air batteries[J]. Energy Storage Materials, 2018,15.

[148] Fuwei Xiang,Xiuhua Chen,Jie Yu,et al. Synthesis of three – dimensionally ordered porous perovskite type LaMnO$_3$ for Al – air battery[J]. Journal of Materials Science & Technology, 2018,34(9).

[149] Design Principles for Oxygen Reduction Activity on Perovskite Oxides in Alkaline Environment[J]. ECS Meeting Abstracts,2011.

[150] Fangyi Cheng, Yi Su, Jing Liang. MnO$_2$ – Based Nanostructures as Catalysts for Electrochemical Oxygen Reduction in Alkaline Media [J]. Chemistry of Materials：A Publication of the American Chemistry Society,2010,22(3).

[151] Nanowires；Findings on Nanowires Reported by Investigators at Hunan University (alpha – MnO2 Nanowires/Graphene Composites with High Electrocatalytic Activity for Mg – Air Fuel Cell)[J]. Nanotechnology Weekly,2016.

[152] 周嵬,王习习,朱印龙,等. 面向金属 – 空气电池和中低温固体氧化物燃料电池应用的钴基电催化剂综述[J].材料导报,2018,32(03):337 – 356.

[153] Hu Yuxiang,Han Xiaopeng,Zhao Qing,et al. Porous perovskite calcium – manganese oxide microspheres as an efficient catalyst for rechargeable sodium – oxygen batteries[J]. Journal of Materials Chemistry, A. Materials for energy and sustainability,2015,3(7).

[154] Zhang Sanpei, Wen Zhaoyin, Jin Jun, et al. Controlling uniform deposition of discharge products at the nanoscale for rechargeable Na – O$_2$ batteries [J]. Journal of Materials Chemistry, A. Materials for energy and sustainability,2016,4(19).

[155] Qian Sun, Hossein Yadegari, Mohammad N. Banis, et al. Self – stacked nitrogen – doped carbon nanotubes as long – life air electrode for sodium – air batteries：Elucidating the evolution of discharge product morphology[J]. Nano Energy,2015,12.

[156] Lee J S, Kim S T, Cao R, et al. Metal – Air Batteries with High Energy Density：Li – Air versus Zn – Air[J]. Advanced Energy Materials, 2011, 1(1):34 – 50.

[157] Yijie Liu, Bojie Li, Zhu Cheng, et al. Intensive investigation on all − solid − state Li − air batteries with cathode catalysts of single − walled carbon nanotube/RuO_2 [J]. Journal of Power Sources, 2018, 395.

[158] Taku Tsuneishi, Hisatoshi Sakamoto, Kazushi Hayashi, et al. Preparation of hydroxide ion conductive KOH − layered double hydroxide electrolytes for an all − solid − state iron − air secondary battery[J]. Journal of Asian Ceramic Societies, 2014, 2(2).

[159] Nansheng Xu, Xue Li, Xuan Zhao, et al. A novel solid oxide redox flow battery for grid energy storage[J]. Energy & Environmental Science, 2011.

[160] Atsunori Matsuda, Hisatoshi Sakamoto, Takashi Kishimoto, et al. Preparation of hydroxide ion conductive KOH − ZrO_2 electrolyte for all − solid state iron/air secondary battery[J]. Solid State Ionics, 2014, 262.

[161] Inoishi Atsushi, Ida Shintaro, Uratani Shouichi, et al. High capacity of an Fe − air rechargeable battery using LaGaO3 − based oxide ion conductor as an electrolyte. [J]. Physical Chemistry Chemical Physics: PCCP, 2012, 14(37).

[162] Yu Xingwen, Manthiram Arumugam. A Voltage − Enhanced, Low − Cost Aqueous Iron − Air Battery Enabled with a Mediator − Ion Solid Electrolyte[J]. ACS Energy Letters, 2017, 2(5).

[163] Davari E, Ivey D. Bifunctional electrocatalysts for Zn − air batteries[J]. Sustainable Energy & Fuels, 2017:10.1039.

[164] Park Joohyuk, Park Minjoon, Nam Gyutae, et al. All − solid − state cable − type flexible zinc − air battery[J]. Advanced Materials (Deerfield Beach, Fla.), 2015, 27(8).

[165] Yifan Xu, Ye Zhang, Ziyang Guo, et al. Flexible, Stretchable, and Rechargeable Fiber − Shaped Zinc − Air Battery Based on Cross − Stacked Carbon Nanotube Sheets [J]. Angewandte Chemie, 2015, 127(51).

[166] Xiaoming Zhu, Hanxi Yang, Yuliang Cao, et al. Preparation and electrochemical characterization of the alkaline polymer gel electrolyte polymerized from acrylic acid and KOH solution[J]. Electrochimica Acta, 2004, 49(16).

[167] Andrzej Lewandowski, Katarzyna Skorupska, Jadwiga Malinska. Novel poly(vinyl alcohol) − KOH − H_2O alkaline polymer electrolyte[J]. Solid State Ionics, 2000, 133(3).

[168] C − C. Yang, S − J. Lin. Preparation of alkaline PVA − based polymer electrolytes for Ni −

MH and Zn – air batteries[J]. Journal of Applied Electrochemistry,2003,33(9).

[169]R. Othman,W. J. Basirun,A. H. Yahaya,et al. Hydroponics gel as a new electrolyte gelling agent for alkaline zinc – air cells[J]. Journal of Power Sources,2001,103(1).

[170]蒋颉,刘晓飞,赵世勇,等. 基于有机电解液的锂空气电池研究进展[J]. 化学学报, 2014,72(04):417 – 426.

[171]Hiroyoshi Nemori,Xuefu Shang,Hironari Minami,et al. Aqueous lithium – air batteries with a lithium – ion conducting solid electrolyte Li 1. 3 Al 0. 5 Nb 0. 2 Ti 1. 3 (PO_4)3[J]. Solid State Ionics,2018,317.

[172]Kim Jinsoo,Lim Hee – Dae,Gwon Hyeokjo,et al. Sodium – oxygen batteries with alkyl – carbonate and ether based electrolytes. [J]. Physical chemistry chemical physics：PCCP, 2013,15(10).

[173]Won – Jin Kwak,Zonghai Chen,Chong Seung Yoon,et al. Nanoconfinement of low – conductivity products in rechargeable sodium – air batteries[J]. Nano Energy,2015,12.

[174]Zhang Sanpei,Wen Zhaoyin,Rui Kun,et al. Graphene nanosheets loaded with Pt nanoparticles with enhanced electrochemical performance for sodium – oxygen batteries[J]. Journal of Materials Chemistry, A. Materials for energy and sustainability,2015,3(6).

[175]Yin Wen – Wen,Yue Ji – Li,Cao Ming – Hui,et al. Dual catalytic behavior of a soluble ferrocene as an electrocatalyst and in the electrochemistry for Na – air batteries[J]. Journal of Materials Chemistry, A. Materials for energy and sustainability,2015,3(37).

[176]Yin Wen – Wen,Shadike Zulipiya,Yang Yin,et al. A long – life Na – air battery based on a soluble NaI catalyst. [J]. Chemical communications (Cambridge, England),2015,51 (12).

[177]Kimoto S, Kanamaru K, Ikoma M, et al. Battery cooling technology in Nickel/Metal – Hydride Battery for Hybrid Electric Vehicles[C]. Journal of Energy Storage, 2020, 2 (27):101155

[178]张昆昆. 离子液体用作锌空气电池电解液的应用研究[D]. 北京:北京化工大学,2020. DOI:10. 26939/d. cnki. gbhgu. 2020. 000835.

[179]王凡奇. 水系二硼化钒空气电池的机理与性能研究[D]. 上海:中国科学院大学(中国科学院上海硅酸盐研究所),2020.

[180]Jing Fu,Zachary Paul Cano,Moon Gyu Park, et al. Electrically Rechargeable Zinc – Air

Batteries：Progress，Challenges，and Perspectives［J］. Advanced Materials，2017，29(7).

［181］曾沙.碳纳米管交联网络复合电极的构筑及其电催化性能的研究［D］.中国科学技术大学,2019. DOI:10. 27517/d. cnki. gzkju. 2019. 000248.

［182］李青娅. 多孔碳—石墨烯复合材料的制备及电化学性能研究［D］.天津:天津大学,2018.

［183］郭焕焕.高性能锂空气电池中金属锂负极稳定性研究［D］.济南:山东大学,2021. DOI: 10. 27272/d. cnki. gshdu. 2021. 000652.

［184］Will F G. Recent adavances in zinc/air batteries［C］//Thirteenth Annual Battery Conference on Applications and Advances. Proceedings of the Conference. IEEE，1998.

［185］Cao R，Lee J S，Liu M，et al. Recent Progress in Non－Precious Catalysts for Metal－Air Batteries［J］. Advanced Energy Materials，2012(7).

［186］Xien Liu，Minjoon Park，Min Gyu Kim，et al. High－performance non－spinel cobalt－manganese mixed oxide－based bifunctional electrocatalysts for rechargeable zinc－air batteries［J］. Nano Energy,2016,20.

［187］Xianyou Wang，P. J. Sebastian，Mascha A. Smit，et al. Studies on the oxygen reduction catalyst for zinc－air battery electrode［J］. Journal of Power Sources,2003,124(1).

［188］Lao－Atiman W，Olaru S，Arpornwichanop A，et al. Discharge performance and dynamic behavior of refuellable zinc－air battery［J］. Scientific Data，2019，6(1).

［189］Dongqing Zeng，Zhanhong Yang，Shengwei Wang，et al. Preparation and electrochemical performance of In－doped ZnO as anode material for Ni－Zn secondary cells［J］. Electrochimica Acta,2011,56(11).

［190］Ruijuan Wang，Zhanhong Yang，Bin Yang，et al. Superior cycle stability and high rate capability of Zn－Al－In－hydrotalcite as negative electrode materials for Ni－Zn secondary batteries［J］. Journal of Power Sources,2014,251.

［191］Alemu M A，Worku A K，Getie M Z. Recent advancement of electrically rechargeable alkaline Metal－Air batteries for future mobility［J］. Results in Chemistry，2023.

［192］潘宏斌,赵家宏,冯夏至,等.仿真分析技术在镍氢电池模组结构优化设计中的应用［J］.机械工程学报,2005(12):58－61.

［193］李军求,吴朴恩,张承宁.电动汽车动力电池热管理技术的研究与实现［J］.汽车工程,2016,38(01):22－27＋35. DOI:10. 19562/j. chinasae. qcgc. 2016. 01. 004.

[194] Wang Wenwei, Lin Cheng, Tang Peng, et al. Thermal characteristic analysis of power Lithium – ion battery system for Electric Vehicle [C]//. Proceedings of the 3nd International Conference on Digital Manufacturing & Automation(ICDMA2012). , 2012: 2385 – 2389.

[195] 李小爽. 动力锂离子电池温度场热分析[J]. 电源技术,2014,38(04):636 – 639.

[196] 彭影,黄瑞,俞小莉,等. 电动汽车锂离子动力电池冷却方案的对比研究[J]. 机电工程,2015,32(04):537 – 543.

[197] 何岩,高敬迟,张菡,等. 电动汽车用锂离子电池安全性能检测浅析[J]. 电子测试,2021(09):108 – 110.

[198] 叶佳娜. 锂离子电池过充电和过放电条件下热失控(失效)特性及机制研究[D]. 合肥:中国科学技术大学,2017.

[199] 黄冕,孔令丽,曹国强,等. 软包装锂离子电池的短路失效分析[J]. 电源技术, 2018, 42(4):4.

[200] Ye J, Chen H, Wang Q. Thermal behavior and failure mechanism of lithium ion cells during overcharge under adiabatic condition[J]. Applied Energy,2016,182:464 – 474.

[201] Ren D, Feng X, Lu L, et al. An electrochemical – thermal coupled overcharge – to – thermal – runaway model for lithium ion battery[J]. Journal of power sources,2017,364: 328 – 340.

[202] 齐创,朱艳丽,高飞,等. 过充电条件下锂离子电池热失控数值模拟[J]. 北京理工大学学报,2017,37(10):1048 – 1055.

[203] 王琪. 动力锂离子电池安全性评价技术的研究[J]. 电源技术, 2017, 41(7):4.

[204] 胡悦丽. 锂离子电池低温性能影响因素的分析与研究[D]. 长沙:湖南大学,2014.

[205] 蔡春皓,段冀渊,寿晓立,等. 浅谈现有锂离子电池检测标准[J]. 电池,2015.

[206] Gao F,Fan M,Wang C,et al. Study on Temperature Charge of LiFePO4/C Battery Thermal Runaway Overcharge Condition [J]. IOP Conference Series. Earth and environmental science,2021,631(1):12114.

[207] Zeng G, Bai Z, Huang P, et al. Thermal safety study of Li – ion batteries under limited overcharge abuse based on electrochemical – thermal model [J]. International Journal of Energy Research,2020,44(5):3607 – 3625 – 340.

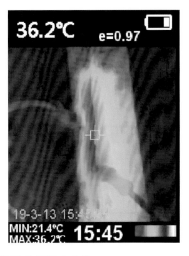

图 6-1　电池放电前后内部温度变化

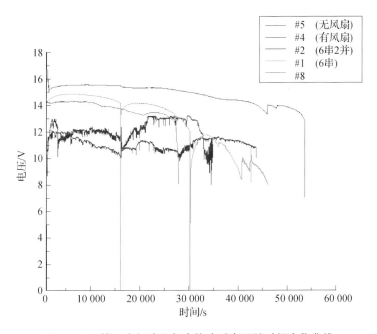

图 6-27　第一次加液和每次换液后电压随时间变化曲线